人工智能前沿理论与技术应用丛书

5G 新时代与边缘计算

杨术　龚超　陈迅　常晓磊　宋志斌　纪添　著

电子工业出版社

Publishing House of Electronics Industry

北京·BEIJING

内 容 简 介

5G 时代的来临及物联网等信息技术的兴起，标志着万物互联时代的到来。大数据在边缘侧进行数据分析、处理与存储已经成为物联网时代的发展趋势，而传统的集中式云计算处理已无法满足物联网时代海量数据的计算需求。与此同时，一种新型的网络架构——边缘计算的出现弥补了传统云计算的不足。

首先，本书从 5G 新时代的背景与特征出发，阐述了 5G 为什么需要边缘计算的赋能，对边缘计算的概念、关键技术、安全管理、隐私保护及其面临的挑战等内容进行了重点介绍，并且进一步探讨了边缘计算与大数据、人工智能、区块链等技术融合的相关内容。其次，本书对边缘计算在 VR/AR、车联网、工业互联网、智慧城市、智能家居、智慧医疗、视频云及智慧工地等场景中的具体应用进行了重点介绍。最后，本书给出了边缘计算在具体场景中实际应用的多个案例。

本书语言通俗易懂，既适合对边缘计算感兴趣的入门读者，也适合技术研发人员和管理人员，还可以作为高等院校相关专业师生的参考资料。

图书在版编目（CIP）数据

5G 新时代与边缘计算 / 杨术等著. —北京：电子工业出版社，2022.8
（人工智能前沿理论与技术应用丛书）

ISBN 978-7-121-43929-2

Ⅰ. ①5… Ⅱ. ①杨… Ⅲ. ①第五代移动通信系统－无线电通信－移动通信－计算 Ⅳ. ①TN929.53

中国版本图书馆 CIP 数据核字（2022）第 117505 号

责任编辑：李　冰　　　特约编辑：田学清
印　　刷：三河市鑫金马印装有限公司
装　　订：三河市鑫金马印装有限公司
出版发行：电子工业出版社
　　　　　北京市海淀区万寿路 173 信箱　　邮编：100036
开　　本：787×980　　1/16　　印张：10.5　　字数：175 千字
版　　次：2022 年 8 月第 1 版
印　　次：2022 年 8 月第 1 次印刷
定　　价：78.00 元

凡所购买电子工业出版社图书有缺损问题，请向购买书店调换。若书店售缺，请与本社发行部联系，联系及邮购电话：(010) 88254888，88258888。
质量投诉请发邮件至 zlts@phei.com.cn，盗版侵权举报请发邮件至 dbqq@phei.com.cn。
本书咨询联系方式：libing@phei.com.cn。

前　言

5G 时代的来临，大数据、人工智能、物联网及区块链等信息技术的兴起，标志着万物互联时代的到来。根据 IDC 和 Seagate 联合发布的白皮书数据，预测到 2025 年世界设备连接数将达到 1000 亿台，全球数据存储量将达到 175ZB。在万物互联的趋势不断深入、大数据指数级增长的背景下，工业互联网、智能制造、无人驾驶、智慧城市等场景的应用对数据的安全性、延迟性提出了更高的要求。

大数据在边缘侧进行数据分析、处理与存储已经成为物联网时代的发展趋势，而传统的集中式云计算处理已无法满足物联网时代海量数据的计算需求。与此同时，一种新型的网络架构——边缘计算的出现弥补了传统云计算的不足。

边缘计算是指在靠近物或数据源头的网络边缘侧，融合网络、计算、存储、应用核心能力的开放平台，就近提供边缘智能服务，满足行业数字化在敏捷连接、实时业务、数据优化、应用智能、安全与隐私保护等方面的关键需求。

边缘计算是计算能力下沉到边缘节点的计算，很多数据并不是全部传送至云端，而是先在边缘端进行实时分析、处理，再将处理后的数据传送至云端进行分析。相对于云计算来说，边缘计算不仅可以进行多样性的海量连接，在延迟性、智能性、安全性与隐私保护等诸多方面也具备一定的优势。

"十四五"期间，新一代信息技术和信息产业迅猛发展，数字产业化和产业数字化进一步推进，边缘计算将快速渗透到各行各业中并对其进行赋能，未来将形成以算力为中心，将网、云、数、智、安、边、端等多要素融合的通信网络格局。

尽管我国已经迈入5G新时代，然而边缘计算对于公众来说，仍是一个较新的概念。目前，国内专门讲述边缘计算的书籍屈指可数，并且主要集中在学术领域，这使得想了解边缘计算的人们望而却步。边缘计算作为深圳清华大学研究院下一代互联网研发中心的核心技术之一，团队有责任、有信心将边缘计算的原理、应用与实际案例以通俗易懂的语言分享给广大读者，希望能够加深读者对于边缘计算的认识，为他们提供一些有价值的信息。

本书围绕边缘计算的历史沿革及其核心概念展开，并对边缘计算如何与云计算、人工智能、区块链等技术有效结合展开论述，最后通过几个实际案例讲述边缘计算技术如何在这些行业中有效落地。本书分为4章。第1章介绍5G新时代相关内容，比如5G时代背景特征、传统云计算的不足、边缘计算如何赋能5G，以及边缘计算在国内外的发展情况等。第2章介绍边缘计算的概念、原理、关键技术和优劣，以及5G与边缘计算、大数据、人工智能等技术融合等相关内容。本章涉及的概念相对较多，为了让读者易于理解，尽可能避免出现晦涩难懂的技术术语。第3章围绕5G与边缘计算的市场与应用展开论述，首先介绍了当下5G与边缘计算的一些主流方向，如VA/AR、车联网、工业互联网、智慧城市、智能家居、智慧医疗、智慧工地等；其次介绍了边缘计算的典型代表企业与产业生态的相关情况。第4章为案例介绍，涉及运营商、工业互联网、大数据三个领域的实际案例，通过案例能够让读者深入具体应用场景，更好地了解边缘计算对不同行业的赋能原理。

5G时代的发展离不开边缘计算的支持。边缘计算并不像有些人所想的那样会替代云计算，它是云计算的有力补充和延展。加快推进边缘计算的研究，以及探索其在不同场景下的应用，对推动我国数字经济持续健康发展具有重要的现实意义。

目　录

第1章

5G 新时代

1.1　5G 新时代的背景

本节将带领大家进入 5G 新时代，领略通信技术发展史上的里程碑事件。这是一部波澜壮阔的发展史，讲述了 5G 从哪里来，将要到哪里去，以及我们为什么需要 5G 和 5G 的特点。

1.1.1　5G 的定义

5G 既是简称也是统称。之所以说 5G 是简称，是因为第五代移动通信技术（5th Generation Mobile Networks、5th Generation Wireless Systems 或 5th-Generation，简称 5G）是目前最新一代的移动通信技术，其基于 1G 至 4G 移动通信技术发展出了更好的通信性能，比如速度更快、延迟更低、连接更多、可靠性更强；之所以说 5G 是统称，是因为 5G 包含了一系列移动通信技术的集合，主要包括 IMT-2020、超密集异构网络、自组织网络、内容分发网络、D2D 通信、M2M 通信、信息中心网络等，这些技术共同构成了 5G 的技术核心。

1.1.2　5G 技术的发展史

5G 既然是第五代移动通信技术，那么其和之前的第一代至第四代相比，有什么不一样呢？我们首先聊一聊这个话题。通信技术的发展始终追求更快、更高、更强，像奥林匹克精神一样不畏艰险、不断进取、勇攀高峰。从最初的 1G 时代只能打电话，到现在的 5G 时代更大的通信带宽、更快的上网速度、更低的通信延迟、更多的互联设备，人类在追求卓越的路上越来越快地奔跑。

1G 时代发源于 20 世纪 60 年代美国大名鼎鼎的贝尔实验室和 AT&T（美国电话电报公司），这两家公司不仅提出了移动通信的概念和基础理论，还成功研制了世界上第一个移动蜂窝网络电话系统 AMPS。那么，什么是蜂窝网络呢？

蜂窝网络（Cellular Network）也叫移动网络（Mobile Network），它是一种移动通信的结构，由于各个基站信号的覆盖范围呈六边形，所以空间拓扑形状很像蜜蜂的蜂窝，因此而得名。更加详细的介绍，大家可以参考其他相关资料。这里介绍一种比较权威的说法，供大家参考。蜂窝网络之所以能够在通信技术中被采用，重要的原因在于数学。人们经过数学的缜密计算，以相同半径的圆形覆盖平面，当圆心处于正六边形网格的各正六边形中心，也就是当圆心处于正三角形网格的格点时，所用圆的数量最少。虽然使用最少数量的结点可以覆盖最大面积的图形，但要求结点在一个如同晶格般有平移特性的网格上，仍然是有待求解的未知问题。在通信领域中，使用圆形来表述实践要求通常是合理的。出于节约设备构建成本的考虑，正三角形网格或者称为正六边形网格是最好的选择，这样形成的网络覆盖在一起形状非常像蜂窝，因此被称为蜂窝网络，如图 1.1 所示。

图 1.1　蜂窝网络拓扑结构图

　　伴随着蜂窝网络技术的出现，世界上最早的民用手机也出现了，那就是 1983 年摩托罗拉公司推出的 DynaTAC8000X（见图 1.2），也就是大家在影视剧中看到的大哥大，是那个时代身份的象征。当时，谁能有一部大哥大，走路都闪耀着荣光。这部手机是由天才工程师马丁·库伯带领的研究小组从 1973 年开始研发，经过 10 年的努力才最终成型的。

图 1.2　DynaTAC8000X

　　这部手机使用模拟信号进行通信，只能打电话，不能发送短信和上网。它的通信速度理论值只有 2.4kbps，重量将近 1kg，能保障通话时长约半个小时，售价接近 4000 美元，这在当时可以称得上是奢侈品。以当时的购买力来看，一部 DynaTAC8000X 的价格已经可以购买一辆小汽车了。

这部手机划时代的意义在于,第一次将贝尔实验室在 1947 年提出的移动电话理念变成现实,并将 20 世纪 70 年代提出的蜂窝网络技术概念在人们生活中应用,摩托罗拉公司也因此开启了世界移动通信领域长达 20 年的辉煌历程。但是通信技术的革新速度往往超越了人们的想象,40 年前行业的领跑者,如今已经辉煌不在。2014 年 1 月 30 日,我国联想集团以 29 亿美元收购了摩托罗拉公司的手机业务,摩托罗拉智能手机在市场中的份额已经远远落后于三星、华为、苹果等。可见,在信息时代,真是江山代有才人出,各领风骚"数十年"。

蜂窝网络技术是移动通信的基础,手机大哥大是移动通信的硬件终端,然而仅有这两项重要技术还远远不够。第一代移动通信技术的核心是频分复用技术(Frequency Division Multiple Access,FDMA)。它在通信频率上做文章,对频率进行细分产生信道。如果说第一代移动通信技术还比较原始,比如语音通过没有加密的电波传输且不能发送短信,基本上通过像收音机一样的设备就可以收听语音信号,那么第二代移动通信技术在那个年代就显得非常先进了。它的先进性体现在语音经过数字转化成为数字信号,需要复杂一些的数字调制解调才能传输,而且能够与互联网连接上网。虽然传输速度比较慢,但这从本质上实现了从模拟信号到数字信号传输的跨越,成为真正意义上的跨时代通信技术。

第二代移动通信技术的核心是 TDMA 和 CDMA,这些都是更加细致的时间分配和编码操作技术,直到现在我们所接收的语音信号相当一部分还是通过第二代移动通信技术处理的。第三代移动通信技术的核心虽然依然是 CDMA,但在此基础上衍生出了 W-CDMA、CDMA-2000 和 TD-SCDMA 三个细化标准。其相比于第二代移动通信技术,大数据量的声音、文本、图片、视频的传输速度得到了提升,并能够实现更好的无缝漫游,而且能提供网页浏览、电话会议、电子商务等多种信息服务。3G 在室内、室外和行车的环境中能够分别支持至少 2Mbps、384kbps 和 144kbps 的传输速度。第四代移动通信技术的核心是 OFDM、MIMO、SDR、智能天线。其相比于前几代最明显的优势在于: 传输速度提升显著, 传输速度能够达到下行 150Mbps, 平均速度也有将近 100Mbps。对比于前几代, 这些可以说是质的飞跃。

第五代移动通信技术相比于前几代移动通信技术, 采用更加先进的 NOMA（Non-Orthogonal Multiple Access）技术, 使得通信过程受到的干扰更小, 高速运行情况下传输效率更高, 并且传输容量大, 能够让多个用户共享高速传输通道。5G 的传输速度理论上能够达到 80Gbps, 平均速度也有 20Gbps, 相比于 4G, 提升了数百倍。如果大家能亲自体验一下, 直观感受就是快到网页秒打开、高清电影秒下载, 一点都不卡顿。

为了方便大家对比, 我们汇总了各代移动通信技术的通信速度, 如表 1.1 所示。从这个列表中, 我们可以清晰地看到, 5G 技术在速度上已经远远超越了前几代, 且涉及的核心技术更多样、更复杂。通信技术正朝着更快、更高、更强的方向发展, 体现在更快的上下行速度、更高的频带、更强的技术和服务能力上, 通信技术的演进发展情况如图 1.3 所示。

表 1.1　各代移动通信技术的通信速度对比表

	核 心 技 术	平均上下行速度	下 载 速 度	频　带
1G	FDMA	2.4kbps	2.4kbps	450MHz 和 900MHz
2G	TDMA 和 CDMA	150kbps	120~160kbps	900MHz 和 1800MHz
3G	W-CDMA CDMA-2000 TD-SCDMA	1~6Mbps	0.96~4.8Mbps	1940MHz 和 2130MHz
4G	OFDM MIMO SDR 智能天线	10~100Mbps	12~80Mbps	2555~2575MHz 2300~2320MHz 1755~1765MHz 1850~1860MHz
5G	IMT-2020 超密集异构网络 自组织网络 内容分发网络 D2D 通信 M2M 通信 信息中心网络	20Gbps	20Gbps	3300~3600MHz 4800~5000MHz

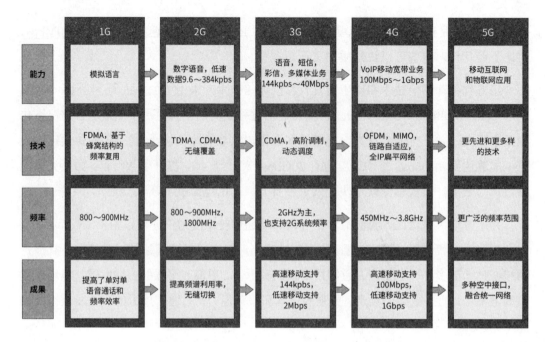

图 1.3　1G、2G、3G、4G、5G 技术性能对比图

1.1.3　为什么需要 5G

我们已身处信息爆炸的时代，信息交互无处不在，通信技术的不断发展已揭开了未来万物互联的大幕，更加便捷、更加优质、更加舒适的信息交互将成为我们生活的必需品。通信成为我们生活的基础设施，这势必需要通信技术的不断发展来满足我们不断增长的需求。

通信技术的发展史，就是一部从超低频到超高频的发展史。在无线通信领域，使用无线电波进行通信。这些无线电波就像一辆辆货车，上面装载着通信数据，有语音数据、文本数据、图片数据、视频数据等各式各样的数据，需在不同的公路上行驶。这些"公路"被称为频带，频带小一点和窄一点的我们称为窄带，频带大一点和宽一点的我们称为宽带。第一代、第二代直至第 n 代移动通信技术的研究和开发，基本上都是在不同的频带上展开的，频谱划分如图 1.4 所示。

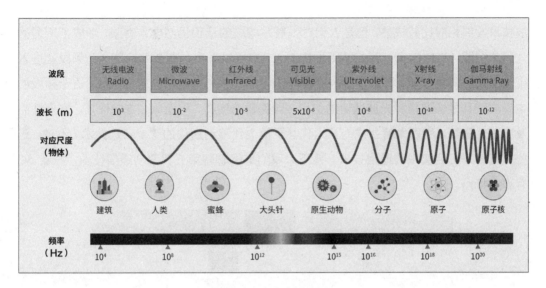

图 1.4　频谱划分参考图

5G 通信的频带是多少呢？5G 的频率范围分为两种：一种是 6GHz 以下，这个和目前我们使用的 3G、4G 通信技术差别不是太大；另一种是频率高于 24GHz 的电磁波。目前，国际上主要使用 28GHz 频段进行试验，这个频段也是最有可能成为 5G 商用的频段。高于 24GHz 的频带非常宽，宽到比之前任何一代移动通信技术的频带加起来都要宽得多，因此我们有足够的空间"建设道路"。例如，可以建设很多条双向多车道的"高速公路"，让无线电波在上面驰骋，这也是 5G 速度能够更快的根本原因之一。

经过上述密集的通信知识学习，大家是不是已经感到知识密度太大、太硬核了？接下来，我们放松一下，聊聊更厉害的技术——太赫兹技术！太赫兹来源于音译 Tera Hertz，它是指频带位于 0.1～10THz（类似硬盘容量单位 1TB、2TB），波长在 3μm～3mm 的电磁波，位于微波与红外线之间。它在长波段与毫米波相重合，在短波段与红外线相重合，处在宏观经典理论向微观量子理论的过渡区，也是电子学向光子学的过渡带。早期，太赫兹在不同的领域有不同的名称，在光子学领域被称为远红外线，而在电子学领域则被称为亚毫米波、超微波等。在 20 世纪 80 年代中期之前，太赫兹波段两侧的红外线和微波技术发展相对比较成熟，但是人们对太赫兹波段的认识仍然非常有限，形成了所谓的太赫兹空隙（THz Gap）。我们从下面的图 1.5 中可以看出，高于太赫兹这个频段就进入了光子学的研究领域，而低于这个频段是经典电子学和电磁学的研究领域。这个频段的电磁波兼具微波通信和光波通信的优点，即传输速度高、容量大、方向性强、安全性高及穿透性强等，所以太赫兹成为第六代甚至第七代移动通信的重要备选技术。不过，这些都是未来可能实现的通信技术，接下来我们继续聊聊第五代移动通信技术，看看 5G 有哪些特点。

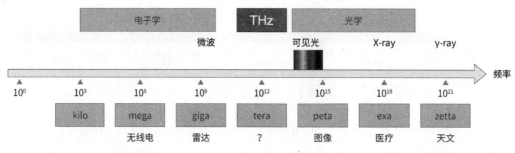

图 1.5　太赫兹波段

1.1.4　5G 的特点

相比于前几代移动通信技术，5G 的特点简单明了，主要是快！当然，还有更低的延迟等。这些特点综合保障了我们能够更加顺畅、舒适地使用 5G，拥有万物互联、无处不在的体验。

1. 高速度

5G 最大的特点是传输速度非常高，理论上的最高速度能达到 20Gbps，所带来的直观感受就是上网非常快、看视频不卡顿、App 秒打开。目前，5G 平均下载速度也能超过 1Gbps，相比于前几代移动通信技术，已实现数量级的提升。这主要得益于 5G 的高工作频率，即处于毫米波频带，这个频带具有很丰富的带宽资源，正如前面所说的，公路宽了，通行量自然就会提升。

2．大带宽

5G 的主要工作频带为 3300～3600MHz 和 4800～5000MHz。这两个频带相比于前几代移动通信技术的频带，工作频率更高，频带更宽，从根本上保障了数据传输处于更宽的"高速公路"上。

3．低延迟

4G 使网络延迟迈进了 100ms 的关口，为对实时性要求较高的应用，比如游戏和视频的大规模普及提供了基础。而 5G 促使传输延迟更优化。5G 技术通过对传输过程中的数据帧格式进行优化设计，将每个子帧在时域上进行缩短，从而在物理层上实现时延的优化。

4．泛在互联

泛在互联能够实现两方面的全面覆盖：广泛覆盖和纵深覆盖。广泛覆盖指遍布城市、乡村、河流、高山等各种地貌；纵深覆盖指在我们所在的物理空间中，各个高度、各个角落都有覆盖。这得益于 5G 的微基站技术，该技术使得我们在生活中可以无处不在地使用 5G 网络，甚至就连微基站都可以是便于携带的。

5．万物互联

未来将会是万物互联的时代，而万物互联的基础就是通信技术。5G 能够支持多样化的设备互联，如手机、电脑、家居设备、可穿戴设备、共享汽车等，甚至工业中的传感器在配上 5G 传输模块之后，也可以在网络中进行数据传输，从而真正实现万物互联。因此，广泛连接的 5G 能够让联网和数据传输都更便捷。

1.1.5　小结

本节带大家了解了 5G 的相关背景。我们从 5G 的定义和发展史切入，介绍了通信技术从萌芽到发展壮大的波澜壮阔的历程。在这个发展历程中，我们观察到几条显著的脉络。首先，语音交互、文本交互是基础。通信首先解决的是人与人之间不见面还能说话和写信的问题。其次，图片、视频交互是延伸。当满足了用户基本的交互需求之后，更好的用户体验和更丰富的交互形式就成为通信的关注焦点。最后，通信频带越来越迈向更高频。根本原因在于，电子信息技术的发展使得我们可以更便宜、更方便地使用更高频带的通信高速公路。在本节的最后，我们总结了人们为什么需要 5G，以及 5G 的特点，方便大家进一步了解 5G。

1.2　5G 与云计算

我们在上一节带领大家一起回顾了波澜壮阔的通信技术的发展史。本节我们将为大家深入介绍,伴随着通信技术的发展,云计算技术的发展情况,以及在 5G 背景下的云计算所面临的挑战,从而便于大家理解目前云计算发展的新阶段——边缘计算,以及它如何作为云计算的"助手"。

1.2.1　5G 的优势

5G 总是给人们一种不同于 3G、4G 跨越式创新的感觉。与之前几代的移动通信技术相比,5G 具有鲜明的特点和优势。为了便于大家理解,我们接下来简要论述一下 5G 的优势,然后进一步阐述 5G 是怎样实现的,以及 5G 为我们带来的改变。

5G 的主要优势体现在以下三个方面。

1. 更高的速度

5G 带给大家最明显直观的感受就是高速度,在理论上 5G 的速度可以达到 80Gbps,相当于我们下载一部电影只需要几秒钟就可以完成,其下载速度是 4G 的数百倍。同时,5G 不仅能带来高速的下载速度,还能通过 5G 切片技术,将设备分成不同属性的层次。例如,我们如果将 5G 比喻成高速公路,用户的设备就像在高速上行驶的车辆,切片技术通过将车道进行划分,使车辆行驶更畅通。这种网络切片技术可使我们在观看视频或者直播时不再面临卡顿、画质模糊、加载慢等问题,它能更有效地满足人们高清、超清的需求,带来更好的用户体验。

2. 更大的容量

随着物联网的发展，万物互联时代即将到来，未来将有海量的设备接入网络，包括我们家里的沙发、台灯等一切可以联网的智能设备。这意味着网络需要有足够大的容量去支持海量设备的接入与数据的传输。对比之下，以往我们使用的 3G、4G 所支持的设备数量就十分有限，且传输速度难以保证。而 5G 支持超大容量的接入，支持广泛的泛在连接，可以更好地支持万物互联。

3. 更低的延迟

除了高速度、大容量两大优势，5G 还有一个突出的优势——低延迟。5G 能带来低于 1ms 的响应体验，而我们现在常用的 4G 的响应时间为 30～70ms。一些延迟敏感型场景，比如 VR/AR、实时游戏、自动驾驶等新应用，它们对网络响应时间的要求十分严苛，需要极低的延迟来保证用户的体验。5G 低延迟的优势能为这些应用场景保驾护航。

介绍了 5G 的优势，大家可能会好奇 5G 网络到底是怎样实现的呢？部署是不是特别困难？那么，接下来我们将一探究竟。

在 5G 网络的部署过程中，网络的性能受到地形地势、用户特征、用户分布、业务种类等多种因素的影响。因此，运营商在设计规划阶段，需要充分考虑多种因素，不断进行仿真、实地勘测等工作，才能使网络的部署合理、有效可行，取得预期的网络覆盖效果。与 4G 网络相比，5G 网络对基站资源和能源资源的要求更高。因为 5G 网络是将宏基站和微基站结合的超密集异构网络，所以为了保证 5G 网络的商用，提前储备站址资源十分重要。除此之外，机房储备、承载网部署、供电方式、信息远程管理等，也是 5G 网络部署的重要关注点。

从 5G 网络部署的架构出发，可以根据功能元素分为四级：接入级、区域级、汇聚级和中心级。接入级支持接入网的 CU（集中单元）和 DU（分布单元）功能，通过低延迟来实现 CU 和 DU 的多点协作化功能。区域级则重点负责数据面的网关功能，承载业务的数据流，从而实现多项业务功能。汇聚级主要负责控制面功能，可以根据用户需求进行部署。中心级则以管理、控制和调度为核心功能，实现虚拟化功能编排的功能。我们可以举一个简单易懂的例子，就像物流收派件一样，首先统一汇聚到区快递站点，然后统一由始发地的总集散中心发送到目的地的总集散中心，接着进入区县，最后进行派件。在 5G 网络的实现过程中，通过对接入级、区域级、汇聚级和中心级不同层级的功能进行相互协调、相互配合，最终实现 5G 网络跨区域和多数据中心的功能部署。

近年来，5G 的发展不断给我们带来全新的体验，为我们打开了更广阔的科技之门。人们将 5G 的应用场景进行了定义，分别为 eMBB（增强型移动宽带）、URLLC（高可靠、低时延）和 mMTC（海量大连接）三大场景。这三大应用场景关注的业务不同，所以对网络和延迟的标准和要求也有所差异。例如，eMBB 比较关注高速度和吞吐量，主要应对的是 4K/8K 超高清视频、VR/AR、实时游戏等大流量类型的应用。它要求单个 5G 基站至少能够支持 10Gbps 的上行速度和 20Gbps 的下行速度。URLLC 则关注较低的延迟，要求 5G 的延迟必须低于 1ms，这样才可以满足智慧工厂、自动驾驶等延迟敏感型应用的需求。mMTC 主要是面对一些大连接的应用场景，比如物联网的各种传感器等连接量较大的场景，它们对 5G 的接入性有较高的要求，需要支持海量设备的接入。

5G 的出现带来了技术和产业的颠覆式发展。它将推动信息产品和智能服务的不断创新与丰富，促进传统的产业智能升级，催生诸如智慧城市、智慧交通、工业互联网等场景，并将逐渐改变人们的生活，使整个社会朝着更加智能化的方向演进。

1.2.2　传统云计算的不足

随着云计算的不断发展与普及，它已经成为人们耳熟能详的一种计算处理方式。云计算其实是指 IT 基础设施的交付和使用模式，它通过虚拟化的资源处理方式，实现动态的、易扩展的、令用户可按需获取资源的一种方式。通俗来讲，它就是可以像水电一样使用的 IT 基础设施。云计算其实也像我们的财产物品一样，分为私有和公有。私有云并不是我们想象中的专门用来存储个人隐私数据的文件。私有云是指一些有特殊需求的政府或者企业等另外部署区别于公有云的网络。部署私有云的费用一般较高，所以不是人人都能部署的。而公有云就是我们平时常用的云计算方式，通常由一些大型云计算公司，比如百度、腾讯等来部署。我们普通个人通过注册账号便可以享受公有云服务。

归根究底，云计算其实就是首先通过网络将数据处理程序分解成无数个小程序，然后通过多台服务器组建的系统进行处理与分析小程序的数据，最后将计算结果返回给用户。早期的云计算，其实就是简单的分布式计算，解决任务分发，并进行计算结果的合并，但这并不妨碍它成为计算方式的一种革命性创新。打个比方，就像从老式的发电机模式发展到电厂集中供电的模式，云计算意味着计算能力能像商品一样流通，并可以被自由取用且价格低廉。

在云计算概念刚出现的时候，估计没有人能想到云计算在兴起的十几年后会打败世界的大型硬件供应商，成为主流的数据处理计算方式。在传统的云计算体系结构中，资源集中在云数据中心，先将终端用户产生的数据上传到云端，当用户需要时，再由中心云计算后将结果下发返回至终端用户，实现数据的计算与分发。但随着 5G 的发展和万物互联时代的到来，应用程序和联网的设备将不断增加，数据将呈现爆炸式增长，人们逐渐发现以往这种集中式的云计算可能不再是最好的解决办法，尤其当面临大流量、大带宽、延迟敏感等应用场景时，传统的云计算已无法有效做出应对，具体表现在以下几个方面。

1. 网络带宽资源有限

在万物互联的环境下，将有大量的边缘设备接入网络，且终端采集的数据量将变得无比巨大，尤其是视频监控等影像数据的采集。如果我们将这些边缘设备采集的实时数据全部上传到云端进行处理，将会占用大量的网络带宽资源，因此会造成巨大的带宽压力。

2. 无法满足实时计算需求

在云计算的架构中，需要将数据全部上传到云端进行处理后返回终端。这个过程会受到多种因素的影响，将会导致较长时间的延迟。在面对无人驾驶等延迟敏感型应用时，它们的数据需要即时交互处理，如果还通过以往中央节点分发的处理方式，将可能造成严重的安全事故，因为数据处理会有延迟。

3．隐私数据安全信任问题

终端数据全部存储在云端，这样易给不法分子可乘之机，导致隐私数据安全得不到有效保障。对于一些对数据安全有特定需求的企业用户，他们对涉及企业核心机密的数据管控得异常严格，使得他们并不想让这些隐私数据脱离自己的内部系统。因此，在企业需要将数据和业务上传到公有云的时候，部分企业还是会存在许多顾虑。如果部署自己的私有云作为公有云的替代方案，又会让企业面临成本较高且运维复杂的问题。

4．能耗资源开销大

云计算的数据中心由众多的服务器构成，需要长期不间断地处于运行状态，由此会消耗大量的电力与能源资源。随着 5G 时代数据量的剧增，数据中心将承担更大的数据处理、存储压力，将消耗更多的电力与能源资源，使得节能降耗成为制约云计算进一步发展的重要因素。

当云计算面临这些桎梏时，有没有可能进一步演化，提高对 5G 时代应用场景的适应能力呢？在这样的需求驱动下，边缘计算作为云计算技术的延伸和补充应运而生。

1.2.3　边缘计算助力 5G

边缘计算概念的出现打破了云计算集中式的数据处理方式，为 5G 时代的新型应用创造了更大的发展空间。如果我们从仿生学的角度来理解，云计算就像是人类的大脑，用来集中思考处理问题，而边缘计算就像是人类的神经末梢。打个比方，当我们的手不小心被热水烫到时，我们会下意识地缩回双手，这个非条件反射行为并未经过大脑的反应处理，而是由我们手上分布的神经末梢及时处理的。在万物互联的时代，云计算无法独自处理海量的数据，而边缘计算无疑会成为"香饽饽"，被用来处理边缘侧产生的部分数据，满足多样化的应用场景需求，云计算则可以用来集中处理其他计算任务。两者协同发展，会大大提高计算处理效率。

说了这么多，可能有些人还是会对边缘计算的优势存在疑问。那么，接下来我们就详细聊聊边缘计算技术的发展给人们带来了什么样的改变，对人们的生活将会产生什么样的影响。

边缘计算的出现是为了缓解云计算处理的压力，它通过将计算能力从集中式转换到分布式的方式来支持万物互联时代海量的智能终端。伴随着边缘设备的计算、分析、存储等能力的增强，以往需要依靠云计算才能解决的计算任务，现在在边缘侧就可以快速、方便地解决。在这种处理模式下，云端的计算压力将得到大大的缓解，设备对带宽的需求也将降低，我们能更有效地应对数据"洪流"。此外，传统的云计算中心建设规模十分庞大，并且用户之间相互隔离，许多基础设施资源并未得到充分利用。边缘计算则打破了彼此间各自为政的模式，消除了"资源孤岛"，使得原本隔离的计算资源可以协同处理、优势互补。还有很重要的一点，边缘计算可以提供比云计算更安全的数据保护。传统的云计算统一将数据存储到云端，一旦云端出现安全问题，那么整个云计算中心都会受到威胁。而边缘计算通过在终端完成计算任务，可以有效分摊这些风险，降低信息安全问题发生的概率。面对 5G 时代多样化的应用需求，边缘计算可以对云计算进行有效补充，两者的结合无疑是一个强大的组合。

从未来的发展趋势看，物联网、大数据、工业互联网等技术的发展，将使边缘计算模式逐渐替代单一的以 IDC 为中心的云计算模式。最终，我们可能会看到"云网端一体化"的局面。随着边缘计算的不断发展，无人驾驶、VR/AR、实时游戏等新型应用也将乘着边缘计算的东风得到快速发展。此外，边缘计算的特点，还与 5G 拓展垂直行业和面向服务的理念不谋而合，这意味着边缘计算可作为 5G 的原生功能，助力 5G 时代的应用实现本地化、内容分布化和计算边缘化。由此展望，5G 时代的边缘计算将会给我们带来更大的想象空间。

1.2.4　小结

在本节中，我们介绍了移动通信技术的不断发展将 5G 带入人们的视野。5G 的高速度、大容量、低延迟为车联网、VR/AR、工业互联网等新型应用创造了更多的可能性。在我们享受 5G 带来的机遇时，同样面临着因为数据爆发式增长而产生的数据洪流压力，传统的集中式云计算已无法满足 5G 时代众多延迟敏感型应用对网络环境的需求。在应用需求的驱动下，云计算将迎来新的发展阶段——边缘计算。正如本节所强调的那样，边缘计算的出现不是为了取代云计算，而是作为一种更优质的补充去助力云计算的发展，服务 5G 时代更多的新应用。

在迈向万物互联的过程中，我们相信凭借着 5G 和边缘计算的优势，人类社会将会衍生出更多的应用场景。这将会进一步拓展 5G 的边缘计算业务，让人们建立新的产业链和生态圈。未来，值得我们期待！

1.3   5G 与边缘计算

作为与边缘计算密切相关的技术，5G 将更丰富边缘计算的应用生态，同时为边缘计算提供更快、更便捷、更大带宽的接入支持。随着万物互联时代的到来，各技术强国都争先恐后地搭上这趟技术革命的列车，5G 与边缘计算则是其发展的重要技术力量支撑。美国较早地进入了 5G 与边缘计算领域，因此，亚马逊、谷歌、微软等公司在技术上略胜一筹，但欧洲、亚太地区的高科技企业也都紧随其后，纷纷布局 5G 与边缘计算。接下来，我们以美、欧、日韩、中的边缘计算发展为主线，为大家梳理一下全球高科技国家在边缘计算领域的发展特点。

1.3.1   美国边缘计算的发展情况

一、边缘计算的主要技术

美国是容器化、MEC、Serverless、CDN 等技术的发源地，这些技术构成了边缘计算的基础。容器化能够像集装箱一样将应用程序的代码、工具、系统配置等进行打包，便于应用快速部署。MEC 能够就近提供网络边缘侧服务，缓解流量、延迟的问题。Serverless 使得用户无须过多考虑服务器的管理和配置工作，极大减少了时间和工作量。CDN 能够缓解网络堵塞的问题，降低延迟。接下来，我们将具体介绍这些技术。

1. 容器化技术

容器化技术可分为容器运行和容器编排。在边缘计算中，容器就像一个集装箱，集装箱内部装着"程序"和"支撑程序运行的计算环境"，并有着轻量级、安全性、秒级启动等优秀的特性。容器天然的轻量级和可移植的特性，非常适合边缘计算的场景。在边缘计算中，容器化技术可以承载计算能力，实现对应用的大规模自动化更新与升级，同时支持就近部署计算环境，智能调度算力网络资源，从而保障边缘数据的传输与处理分析。例如，其中的 Docker 就是一种开源的容器引擎。

Kubernetes 是谷歌开源的一个容器编排引擎，简称 K8s。它支持自动化部署、大规模伸缩、应用容器化管理，主要用于自动化部署、扩展和管理容器应用，提供资源调度、部署管理、服务发现、扩容缩容、监控等一整套功能。同时，K8s 具有完善的集群管理能力，包括多层次的安全防护和准入机制、多租户应用支撑能力、透明的服务注册和服务发现机制、内建负载均衡器、故障发现和自我修复能力、服务滚动升级和在线扩容、可扩展的资源自动调度机制、多粒度的资源配额管理等。在边缘计算的应用中，K8s 为边缘侧的应用部署提供便利性，在一定程度上改变了边缘应用与硬件之间的关系，将两者的耦合度降低，为边缘层的应用提供更灵活开放的模式，以此解决现有的痛点，并满足用户新的需求。

2．MEC 技术

MEC 指的是多接入边缘计算，对 5G 的发展有着至关重要的作用。它可在网络边缘侧提供服务，并可实时处理数据，进行低时延关联和本地存储。美国电信公司 AT&T 已将面向用户的 MEC 平台商用化，为用户提供定制化服务，并将它应用于多个行业。据估测，美国 MEC 设备的数量到 2026 年将超过 563000 台。

3．Serverless 技术

Serverless 技术指的是无服务器技术，但并不代表不需要服务器，只是开发者无须过多地考虑服务器部署与购买等问题，计算资源作为服务而不是服务器的概念出现。它使开发者能更快速地开发软件和进行软件迭代。亚马逊 AWS 的无服务器平台，可为用户提供完全托管的服务。用户可在该平台上实现运行计算、数据存储、API 代理、应用程序集成等功能。大家比较熟知的可口可乐公司就使用 AWS Lambda 和 AWS Step Functions 制定了经济高效的无服务器解决方案。

4．CDN 技术

CDN 的全称是 Content Delivery Network，即内容分发网络。它将源站的内容分发到全世界所有的节点，使得用户能就近获取所需要的内容，从而大大降低用户访问的响应速度，提升用户体验。这项技术是美国麻省理工学院的几位教授提出的，他们成立了一家名叫 Akamai 的 CDN 服务商公司。Akamai 在全球数以千计的运营商节点上部署了众多服务器，占据着超过一半的 CDN 市场份额。这时，大家可能会疑惑，CDN 对网络服务商来说可通过降低延迟提升用户体验，那它对运营商的价值呢？实际上，对运营商而言，CDN 技术能帮助它们缓解上层带宽压力，因为 CDN 把内容下沉到了更贴近用户的边缘侧，从而让运营商避免了无止境的硬件扩容，这样既节约了运营商的成本，也优化了它们的用户体验。

接下来，我们一起了解一下美国边缘计算市场的发展和技术落地情况。据估算，从 2017 年至 2026 年，美国边缘计算方面的支出将达到 870 亿美元。聊到落地场景，在此我们不得不提一个概念——第四次工业革命。第一次工业革命是蒸汽机时代，第二次工业革命是电气化时代，第三次工业革命是信息化时代，而第四次工业革命则是智能化时代，其技术基础就是网络实体和物联网。每次工业革命都是社会发展史中的重要阶段，全球各个国家都在积极响应第四次工业革命，抓住机遇，加紧布局。边缘计算能助力其落地，在这次进程中有着重大意义。在此，我们需要提到一位把边缘计算用于工业应用的重要人物施巍松教授（美国韦恩州立大学 Charles H. Gershenson 杰出教授，移动与互联网系统结构实验室主任，Intel Internet of Things 创新实验室主任），他长期致力于边缘计算在工业界的推广。

二、边缘计算的主要参与者

美国边缘计算的主要参与者是传统的云计算领域巨头及芯片领域巨头，它们把原有的技术储备向边缘计算领域延伸，并强调技术驱动和云边协同。这些参与者包括大家耳熟能详的亚马逊、微软、英特尔等公司。

1．亚马逊

亚马逊是美国著名的电商公司，也是率先打开云市场的公司。早在 2002 年，亚马逊就推出了 AWS（云计算服务），并在此后大力拓展市场的同时不断升级云计算技术和创新优化产品服务。

亚马逊在 2016 年推出了 AWS 的边缘计算平台 AWS IoT Greengrass，这个平台可以提供什么呢？在回答这个问题之前，我们先解释三个概念。第一个是物联网，它是万物互联的基础设备，往往搭载着一种或多种传感。第二个是机器学习，它是可以通过大数据和统计学算法进行训练的系统，并通过全新数据进行推断学习。第三个是边缘计算，在 AWS IoT Greengrass 平台上，用户可实现没有网络也能保持设备的同步状态更新。在这里，聪明的你可能发现了，问题的答案已初步浮出水面了。AWS IoT Greengrass 平台融合了这三种技术，以此在边缘侧实现机器的学习推断功能。AWS IoT Greengrass 平台还可将 AWS 扩展到边缘设备，这让用户可在本地处理生成的数据，同时对数据进行管理、分析、存储等处理。

此外，AWS 还为工业、车联网、物联网等市场提供了一系列的服务并销售边缘设备。它的云计算产品丰富且不断推陈出新，因而在行业中有着较高的技术壁垒、资源壁垒和服务壁垒，目前占据着较大的计算市场份额。目前，AWS 正积极地与 Verizon、沃达丰、SK 电信和 KDDI 等通信公司合作，在欧洲、韩国和日本共同推出 AWS Wavelength 产品。这些产品将计算和存储嵌入至 5G 网络边缘，以此满足用户低时延应用场景需求。

2．微软

微软在 Build 2017 活动上发布了 Azure IoT Edge 服务，旨在让 AI 走向边缘，并以此为契机正式启动边缘计算战略。微软预测，未来将是智能云（Intelligent Cloud）与智能边缘（Intelligent Edge）的世界。微软认为，随着物联网终端数据越来越多，网络会要求更多的计算能力下沉。因此，微软强调边缘 AI 的重要性，因为它支持以容器和函数计算的方式将 AI 能力下沉至贴近用户，从而为公有云引流。此外，微软还发布了 Azure Edge Zone。微软利用 Azure Edge Zone 及 5G 网络的低时延和大带宽性能，能够轻松部署应用程序和虚拟化网络功能（VNF），并为用户提供无缝的计算、存储、IoT 和容器服务。同时，微软看到了移动市场的重大机遇，因而积极地与诸如美国电信公司 AT&T、澳大利亚电信公司 Telstra、加拿大通信公司 Rogers 等各大运营商合作。

3. 英特尔

英特尔是 CPU 领域的佼佼者，其至强系列芯片产品支撑了云端庞大的服务器平台。在边缘计算中，英特尔能为不同规模的计算能力提供计算容器。面对快速发展的物联网，英特尔开始发力边缘计算，希望建立自己的生态圈。目前，它已联合 Wind River 推出了便于操作的边缘计算系统。基于硬件资源池化及软硬件解耦的思路，英特尔推出了边缘计算软件开发套件 NEV SDK（网络边缘虚拟化套件），可通过该套件协助其边缘计算合作伙伴加速开发相关应用。在系统芯片方面，英特尔针对边缘计算需求推出了凌动TM 处理器 C3000 产品家族，以及至强处理器 D-1500 产品家族的网络系列，并创新推出软硬件结合产品，应对边缘计算中人工智能应用的需求。与此同时，英特尔不断加强与边缘计算合作伙伴的业务拓展。目前，它与华为、百度、腾讯优图、阿里云等公司纷纷建立合作，并与爱立信、丰田汽车等公司一起成立了汽车边缘计算联盟。

1.3.2 欧洲边缘计算的发展情况

在第三届欧洲边缘计算论坛上，欧洲边缘计算产业联盟（ECCE）发布了边缘计算参考架构模型（RAMEC），以此促进基于软件定义的，互联互通、可编程、安全和易获取的工业 ICT 基础设施的广泛应用。类似于智能电网参考架构（SGAM）和工业 4.0 参考架构模型（RAMI 4.0），RAMEC 并不是一个技术系统架构，而是一系列对边缘计算服务 OT/IT 融合的多维度的指引。ECCE 旨在支持欧洲和世界各地的大中小型企业采用相关技术，它尤其侧重 OT 技术与 ICT 技术的融合。在制造业领域，ECCE 将推动运营商及企业在 IoT 相关领域的解决方案中采用边缘计算技术。同时，它注重推动现有的技术演进及标准的应用，让联盟成员的产品更符合用户对边缘计算解决方案的需求。ECCE 成立的目标包括研发边缘计算参考架构模型、促进边缘计算全栈技术实现（边缘计算节点）、识别产业发展的短板、通过对不同路径的评估比较找到最佳实践、与相关产业/标准化组织积极互动、对联盟的成果进行推广。

欧洲的边缘计算发展主要由运营商主导，其核心是 5G MEC 相关机制及其应用场景。目前，它们的相关技术在智能制造领域取得了一定的应用突破，但整体仍处于早期发展阶段。接下来，我们将介绍两家重要企业。

1．Saguna Networks

Saguna Networks 位于以色列，为通信服务提供商和应用程序开发商提供多接入边缘计算解决方案。该公司的旗舰产品是 Saguna Open-RAN，它使用户能够开发、部署、管理和自动化运维边缘云平台和边缘应用程序。Saguna Networks 称，Saguna Open-RAN 能够提供超可靠和低延迟通信，并在现有 4G 网络上实现 5G 功能。该公司还提供 MEC 入门套件，使组织更容易采用边缘计算。

2．英国电信

英国电信是世界著名的电信运营商，同时跟随网络发展的进程，积极布局其边缘计算业务。该公司用户创新负责人 Andy Rowland 表示：5G 对于边缘计算来说是一个不错的选择，但是如果想让 5G 正常工作，则需要在现场部署 MEC（移动边缘计算），就好像要获得更大的带宽、更低的延迟等。如果无法在微基站上做到这一点，将需要在用户站点的网络边缘安装小型单元，即 MEC。该公司推出的"网络云"项目，计划将云边界扩展到其运营的中心节点上。

1.3.3　日韩边缘计算的发展情况

日韩的边缘计算主要是由当地运营商主导或由当地运营商与美国的云计算巨头合作的。此外，还有日企联盟推动 5G 与边缘计算的发展。

1．韩国电信

目前，韩国电信在区域边缘部署了多个数据中心，为各地 5G 设备提供服务，并计划通过 MEC 中心来实现对智慧工厂、自动驾驶、VR/AR 等应用的部署。

2. 乐天株式会社

乐天株式会社是日本一家提供互联网服务的公司。该公司表示，将把边缘部署作为虚拟化网络建设的一部分，将大规模地实施部署，并提供约 4000 种边缘业务。

3. Edgecross 联盟

Edgecross 联盟于 2017 年年底成立，由三菱电机、研华、欧姆龙、日本电气、日本 IBM 和日本甲骨文 6 家公司创立。Edgecross 联盟定义的边缘计算平台有两个目标：一是构建生产现场小范围的物联网 IoT 系统，二是为生产数据匹配 IoT 化的数据标签。

1.3.4 中国边缘计算的发展情况

中国边缘计算技术的发展经历了几个时期。2015 年以前是技术发展的储备期，由中科院率先启动了战略性先导专项，研究"海云计算系统"项目。2015 年至 2018 年进入了快速发展时期，边缘计算开始在九州大地上掀起一阵风潮，众多计算机领域的玩家纷纷参与边缘计算的布局建设。在 2018 年的世界人工智能大会上，主办方以"边缘计算，智能未来"为主题，建立了边缘智能分论坛。

如今，随着新型基础设施建设浪潮的到来，中国移动、中国联通、中国电信三大运营商在获得 5G 商用牌照后，正在加速推进 5G 建设。我国在 2019 年已建成覆盖全国 50 多个城市的约 13 万个 5G 基站，其中，中国移动约 5 万个、中国联通约 4 万个和中国电信约 4 万个。未来三大运营商将会继续扩展 5G 覆盖范围，以此为边缘计算部署提供良好环境。

除了上文提到的美国发起的技术，下面我们将重点介绍中国首创的技术。深圳清华大学研究院下一代互联网研发中心与清华大学联合研发了边缘计算功能分发网络（Function Delivery Network，FDN），开发出全面实现 AIoT 算力和数据分析功能的自动调度平台。

FDN 应用于智能边缘计算网络算力自动调度平台，是 CDN 的扩展和升级。CDN 主要用于内容的存储和分发，但功能运行和数据处理这两项工作还需要在云数据中心服务器上进行。而 FDN 在 CDN 的基础上，实现了功能函数的分发。它利用部署在边缘的服务器管理与调度功能代码，突破传统网络架构的局限，从而更好地处理与调度网络资源。它将数据分析、AI 等能力延展至边缘，并以此满足更多的新应用需求。FDN 的基本原理是基于现有的网络设施构建 FDN 业务层，同时拉近终端与计算的距离，使整个计算和功能分发过程更简单、更便捷。它通过向终端用户开放相应的 API 接口来完成功能的分发与资源调度，使得用户无须部署与运维服务器便能就近计算与获取内容，极大地降低了网络延迟，为用户获取实时计算服务提供强有力的支持。

FDN 提供全托管服务，帮助用户管理与分发代码。用户依靠 FDN 网络部署的边缘节点能够快速完成计算任务。FDN 所开放的 API 接口支持功能的接入与扩展，从而让设备轻松拥有 AI、大数据分析等计算能力，以此实现提供敏捷、实时、安全的计算服务的目标。

一、边缘计算的应用场景

据 IDC 统计，全球物联网 2020 年的数据总量约为 16ZB。其中，45% 的数据在网络边缘处理。我国物联网数据在全球占比已达到 22%，对边缘计算网络容量的需求大约为 1.5ZB，折算的带宽需求为 431Tbps，这至少需要 4000～5000 个边缘计算机房来提供相应服务。这些巨大的数据量意味着边缘计算在中国拥有巨大的市场发展潜力，其中涵盖了智慧工地、智慧社区、智慧零售等多个应用场景。这些市场的规模究竟有多大呢？我们接下来将揭晓一些重磅数据。

1. 智慧工地

如果一个大型智慧工地项目总投入为 150 万～200 万元，那么预计约有 20 万元会被投入到 FDN 建设上；对于一个总投入为 80 万～120 万元的中型智慧工地，预计约有 15 万元被投入到 FDN 建设上；对于一个总投入为 40 万～60 万元的小型智慧工地，预计约有 10 万元被投入到 FDN 建设上。

我国每年动工的建筑工地数量约为 50 万个，其中 100 强地产公司工地数量占比约为 50%（销售额占比 63.5%，除了价格因素，假设为 50%），工地数量则约为 25 万个。假设这些地产公司愿意支付建设 FDN 平台的费用参考中型智慧工地的 15 万元/个，则 FDN 每年的市场规模预计为 375 亿元。

2. 智慧社区

全国每年新建楼盘约为 3 万个，改建小区约为 1 万个。那么，如果按 10 年的市场总量来计算，则共有约 40 万个小区。假设平均每个小区对 FDN 的建设预算为 5 万元，则在此期间 FDN 的社区细分市场规模预计为 200 亿元。

3. 智慧零售

全国每年新建和改建大型商场约为 1000 家，如果按 10 年的市场总量来计算，则共有约 1 万家商场。假设平均每家商场对 FDN 的建设预算为 15 万元，则在此期间 FDN 的商场细分市场规模预计为 15 亿元。

4. 智慧楼宇

全国每年新建和改建楼宇约为 1.5 万栋，如果按 10 年的市场总量来计算，则共有约 15 万栋楼宇。假设平均每栋楼宇对 FDN 的建设预算为 10 万元，则在此期间 FDN 的楼宇细分市场规模预计为 150 亿元。

5. 智慧数据中心

截至 2019 年，我国大型数据中心数量约为 9400 个，假设平均每个大型数据中心对 FDN 的建设预算为 100 万元，则 FDN 的大型数据中心市场规模预计为 94 亿元。

6. 云游戏与 VR/AR

目前，云游戏在国内市场规模约为 500 亿元，VR/AR 的市场规模约为 550 亿元。视频网站对于 CDN 的支出占其销售总额的比例通常超过 50%。假设云游戏、VR/AR 对于 FDN 的支出占其市场销售总额的比例为 25%，则 FDN 在云游戏和 VA/AR 领域的市场规模分别为 125 亿元和 137.5 亿元。

7. 智慧餐饮

全国每年明厨亮灶招标项目约为 300 个，如果按 10 年的市场总量来计算，共有约 3000 个明厨亮灶项目。假设平均每个明厨亮灶项目对 FDN 的建设预算为 60 万元，则在此期间 FDN 这一细分市场规模预计为 18 亿元。

8. 智慧水利

全国每年水利工程招标项目约为 700 个，如果按 10 年的市场总量来计算，共有约 7000 个水利项目。假设平均每个水利工程项目对 FDN 的建设预算为 50 万元，则在此期间 FDN 这一细分市场规模预计为 35 亿元。

9. 智慧交通

我国智慧交通整体市场规模约为 3000 亿元。根据海康大华的年报，后端产品在智慧交通开支的占比约为 15%。我们假设未来边缘计算管理平台在智慧交通项目支出的占比约为 4%，则这一细分市场规模预计为 120 亿元。

将上述细分市场数据汇总，结果如表 1.2 所示。

表 1.2 细分市场数据表

场 景	市场规模（亿元）
智慧工地	375
智慧社区	200
智慧零售	15
智慧楼宇	150
智慧数据中心	94
云游戏	125
VR/AR	137.5
智慧餐饮	18
智慧水利	35
智慧交通	120
共计	1269.5

二、边缘计算涉及的主要企业

我国主要的电信运营商、云计算服务商、通信设备厂商、CDN 服务商等企业都已开始布局边缘计算，并加大研发力度和拓展市场空间。例如，三大运营商都在加大力度发展边缘计算，而其中中国移动的投入最多，它还设立了研究实验室，吸引了众多优质的合作伙伴，共同进行边缘计算的研发。在云计算服务商中，华为云和阿里云对于发展边缘计算的策略则稍有不同。例如，华为云偏向于打造一体化平台，重视对硬件的发展，而阿里云则把重心放到人工智能、物联网方向。在通信设备厂商中，中兴通讯在边缘计算设备层有完整的解决方案。而 CDN 服务商更倾向于在边缘节点上升级，并搭建边缘平台，以此满足不同应用场景的需求。接下来，我们会给大家详细介绍这些企业。

1. 中国移动

在 2019 世界移动大会（MWC 2019）上，中国移动发布了边缘计算"Pioneer 300"先锋行动，旨在推进电信领域的边缘计算技术的发展和生态繁荣。与此同时，中国移动对外发布了《中国移动边缘计算技术白皮书》，详细阐述了中国移动边缘计算的发展背景和对边缘计算 PaaS、IaaS 技术及硬件体系的解读。中国移动认为，边缘计算提供 PaaS 层服务，既能作为增值服务为平台创收，又能降低应用上线的难度。该白皮书指出，边缘计算 PaaS 平台会引入 Serverless、ServiceMesh、微服务框架等 Cloud Native 技术进行开发和运维，以此提高边缘计算的开发效率和运维效率。

2. 华为云

2019 年 6 月，华为云发布了智能边缘市场 2.0，其中包含边缘应用中心和边缘硬件中心两大模块。华为云智能边缘市场 2.0 是在智能边缘平台 IEF 基础上构建的，由开发者、边缘硬件提供商、ISV 及系统集成商组成的生态社区。它具有边缘应用（如 AI 推理模型、IoT 数据接入、消息中间件）、边缘硬件、边云协同解决方案等内容共享功能，为边缘应用开发商、解决方案集成商、企业及个人开发者等提供安全、开放的边缘计算产业的共享环境，旨在以此来有效连接边缘计算开发生态链各参与方，并加速边缘计算解决方案的开发与落地。

目前，华为云智能边缘平台 IEF 已形成边云协同的标准解决方案，并已经逐步在智慧园区、智能制造、物流、智慧城市、水利等场景进行大规模应用。

3. 阿里云

2018 年 10 月，阿里云发布了边缘计算产品 Link Edge，它专门面向物联网开发者。该产品继承了阿里云安全、存储、计算、人工智能的能力，可以连接不同协议、不同数据格式的设备。通过借助物联网平台提供的 IoT Hub，Link Edge 可以将边缘设备的数据同步到物联网平台进行云端分析，并能接收物联网平台下发的指令对设备进行控制。借助 IoT Edge，设备可以运行规则或者函数代码，由此可以在无须联网的情况下实现设备的本地联动及数据处理。同时，该产品还可以结合阿里云的大数据、AI 学习、语音、视频等能力，打造出"云边端"三位一体的计算体系。此外，Link Edge 还支持设备接入、函数计算、规则引擎、路由转发、断网续传等功能。

4. 中兴通讯

中兴通讯将边缘计算作为公司的战略投资方向，并进行了全方位的布局。中兴通讯提出了"聚焦 4C"的边缘计算发展战略，围绕 Cloud（云化部署，统一运维）、Compute（专用硬件，异构加速）、Connection（多种制式，融合接入）、Capability（开放平台，共建生态）打造中兴通讯在边缘计算领域的四大服务能力。中兴通讯与英特尔合作发布了 ES600S MEC 服务器，该服务器搭载英特尔最新"英特尔至强 Scalable processor"，配合 AI 加速卡，使其在边缘侧具备强大的神经网络推理能力。此外，中兴通讯还在边缘计算设备层进行布局，目前已拥有完整的边缘计算解决方案，包括虚拟化技术、容器技术、高精度定位技术、分流技术、CDN 下沉技术等。它的相关解决方案覆盖业务本地化、本地缓存、车联网、物联网等六大场景，满足 ETSI 标准定义的 MEC Host 架构，并根据实际应用需求落地，综合考虑边缘计算管理系统、边缘计算集中控制系统等方案。目前，中兴通讯已经在智能制造领域、融媒体领域、港口数字化转型、车联网、智慧城市等多个垂直行业进行了试点。

5. 网宿科技

网宿科技作为国内 CDN 巨头公司，其将边缘计算当成核心战略，并逐步开放边缘 IaaS 和 PaaS 服务，同时将现有 CDN 节点升级为边缘计算节点，搭建边缘计算平台，以满足万物互联时代的需求。网宿科技认为，CDN 天然的分布式架构更靠近边缘且节点资源丰富，并可弹性扩展，同时具有安全性，因此非常适合作为边缘计算节点来布局。目前，网宿科技通过远边缘、近边缘和最边缘三个层面推进边缘计算。在远边缘层，网宿科技基于现有的 CDN 节点，构建边缘计算资源池；在近边缘层，网宿科技则引入运营商合作资源，将计算节点下沉至城域网或者基站；在最边缘层，基于客户业务现场，网宿科技提供计算资源及应用服务支撑。此外，网宿科技还利用容器等虚拟化技术，升级边缘计算平台服务和科技产品服务，面向家庭娱乐、云 VR、云 AR、车联网、智能制造等提供服务。

1.3.5 小结

随着第四次工业革命进程的加速，以及物联网、移动互联网、5G 等新技术的发展，我们不难发现边缘计算对于互联网的发展和应用的潜能和价值。据 Gartner 发布的 2017 年度新兴技术成熟度曲线，边缘计算已从"触发期"进入"期望膨胀期"。公众对该技术寄予了很大的期望，这一有利形势也必将促进未来技术的走向和发展。

在国内，各机构有了前期的技术储备，再加上人工智能、物联网等多种应用市场需求的推动，使得边缘技术不断地迭代更新和成熟完善，同时细化了各场景的解决方案。丰富的市场服务需求与技术创新的结合，是我国技术研发和推广的独有优势，也极有可能成为我国企业在这场无声科技战役中反超的契机。

目前，边缘计算是学术和产业界的研究热点。各大厂商、科研机构正在加紧制定标准和规范，国内外皆在力争推动边缘计算的标准的制定、技术的进步。因此，边缘计算正处于技术的研究热点期，并拥有很大的潜力，同时拥有广阔的市场前景。

1.4　5G 与网络技术

本节将带领大家了解 5G 时代网络的新特征和新技术，这些技术为 5G 的应用和发展奠定了坚实的基础。它们支撑了 5G 的技术亮点，甚至本身就是技术亮点；它们支持了 5G 眼花缭乱的应用，甚至本身就是 5G 的重要应用；它们增强了网络对虚拟化、5G、边缘计算等新技术的适应性和支持度，提升了网络对业务的服务、支撑能力；它们是软件定义网络、5G MEC、网络切片、网络编程。接下来，我们将一一介绍它们。

1.4.1　软件定义网络

早在 20 世纪 80 年代，TCP/IP 协议就已经大名鼎鼎，互联网的大风吹遍了整个世界，至今鲜有大变化。但是，随着互联网在国民经济和社会发展中的日益渗透，人们对互联网的功能、性能方面的需求越来越高。于是，越来越多的复杂功能被加入网络交换和路由设备中，比如组播、区分服务、流量工程、NAT、防火墙、MPLS、冗余层等。也就是说，越来越多的软件功能被集成到硬件设备中，网络的软硬件功能划分越来越不清晰，这使得我们在 20 世纪 60 年代初定义的"哑的，最小的"数据通道变得越来越臃肿不堪，大型网络的管理和维护也变得越来越困难和低效。

我们知道，在计算机领域，计算机系统经历了从封闭系统到水平扩展再到垂直分层的演化过程，并采用了冯·诺依曼提出的根据功能进行抽象的计算机系统模型。这个模型把计算机抽象为一系列功能模块的组合，包括运算器、控制器、存储器、输入设备、输出设备。其中，计算机的硬件底层由简单可用的 x86 指令集实现，硬件底层之上的所有功能均由软件来定义和实现。这主要包括软件底层（操作系统和虚拟化）和软件顶层

（应用程序）。目前，软件定义的部分已经有了爆炸式的发展，比如操作系统层有 Microsoft Windows 系列、Linux/Unix 和 Mac OS 等，应用程序层有 Microsoft Office、Adobe Reader、Windows Media Player、MSN 及许多满足人们工作、生活、娱乐所需的应用软件。计算机系统垂直分层体系的结构灵活，该特点很好地满足了人们多样且快速变化的需求。

类似地，目前的互联网也处于封闭系统的阶段。如同计算机系统的发展脉络，人们可将其软硬件功能进行抽象分化、垂直分层，从而使得互联网向更加高级、更加灵活的方向演进，以便更好地满足人们的需求。

软件定义网络的思想萌芽于 2006 年，来自斯坦福大学 Clean Slate 项目组博士生 Martin Casado 所领导的一个关于网络安全与管理的项目 Ethane。该项目提出，通过一个集中式控制器向基于流（Flow）的以太网交换机下发策略，从而对流的准入和路由进行统一管理。受此科研项目及其前续项目 Sane 和 4D 的启发，Martin Casado 和他的导师 Nick McKeown 教授发现，如果将 Ethane 的设计进行一般化推广，将传统网络设备的数据平面（Data Plane）和控制平面（Control Plane）两个功能模块相分离，那么相关功能可通过一种集中式的控制和管理实现以标准化的接口对各种网络设备进行管理和配置。这种集中式的控制和管理，我们将其称为集中式的控制器（Controller）。它可为网络资源的设计、管理和使用提供更多的可能性，从而更容易推动网络的革新与发展。于是，他们提出了 OpenFlow 的概念，并且 Nick McKeown 等人于 2008 年发表了标题为 OpenFlow——Enabling Innovation in Campus Networks 的论文，首次详细地介绍了 OpenFlow 的概念、工作原理和六大应用场景。基于 OpenFlow 为网络带来的可编程的特性，Nick McKeown 和他的团队（包括加州大学伯克利分校的 Scott Shenker 教授）进一步提出了软件定义网络（Software Defined Network，SDN）的概念。

图 1.6 所示为 SDN 体系结构。在逻辑层面，网络控制和信息集中在基于软件的 SDN 控制器上，它维护了网络的全局视图。最终，对于应用和策略引擎来说，网络呈现为一个单独的逻辑交换机。有了 SDN，企业和运营商从单个逻辑点就能获得与厂商

无关的对整个网络的控制，这极大地简化了网络设计和操作流程。同时，SDN 极大地简化了网络设备，因为设备不再需要理解和处理上千个协议标准，仅仅需要接收和执行来自控制器的指令。

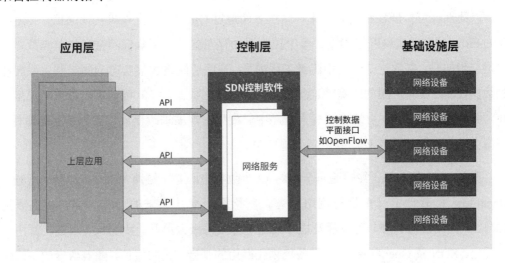

图 1.6　SDN 体系结构

　　软件定义网络最大的特征就是网络控制与转发的分离，以及转发行为的可编程性。人们通过控制功能的迁移，将转发平面与控制平面相分离。从逻辑上来看，我们可以将网络看成一个虚拟实体，形成类似计算机的基础架构，将转发行为抽象并提供标准化的、开放的控制接口。这样的好处在于，一方面，控制平面运行在外部，工程师通过调用控制接口可以根据全局的网络视图拥有更灵活的控制能力；另一方面，基础设施层和应用层都可以根据实际需要灵活、独立地扩展，以便满足用户不断变化的需求。目前，SDN 虽处于快速发展阶段，但是距离在互联网上大规模部署这一目标还有一定的差距。比较现实的落地场景是那些规模较小的网络，比如数据中心网络，SDN 能够为它们带来自动化部署、探测网络故障、支持虚拟机迁移、支持多租户和优化网络流量等优势。

　　为了方便大家理解，我们举个例子。目前，SDN 已在全球规模较大的搜索引擎公司谷歌的数据中心网络中得到应用。谷歌的广域网由两张骨干网组成，一张是用于承载用户流量的外网（也称为 I-scale 网络），另一张是用于承载数据中心之间流量的内网（也称为 G-scale 网络）。这两张网络的需求和流量特性都存在较大的差别。针对 G-scale 网络需求和流量特性的差异，并且为了解决广域网在规模经济下遇到的问题，谷歌利用 OpenFlow 协议，通过 SDN 解决方案进行应对。谷歌在每个站点部署了多台交换机设备，以此保证可扩展性和高容错率。站点之间通过 OpenFlow 交换机实现通信，并通过 OpenFlow 控制器实现网络调度。多个控制器的存在就是为了确保不会发生单点故障。更进一步的是，谷歌建立了集中流量工程模型，从底层网络收集实时的网络利用率和拓扑数据，以及实际应用的带宽消耗等数据。有了这些数据，谷歌可计算出最佳的流量路径，并利用 OpenFlow 协议将其写入程序中。如果出现需求改变或者意外的网络事件，模型会重新计算路由路径，并更新到程序中。

截至 2012 年 7 月，谷歌遍布全球的 12 个数据中心骨干链路（内网）都已采用基于 OpenFlow 的软件定义来进行网络部署，网络利用率从原来的 30%～40%提高到近 100%，网络的可管理、可编程及成本效益等都获得极大提升。我们从谷歌的实践中可以看出，SDN 及 OpenFlow 已经具备规模化商用的基础。我们相信，随着研究的不断深入及技术的持续发展，SDN 关键技术将逐渐趋于完善，未来网络将越来越依赖软件，互联网将可能全面进入 SDN 时代。

1.4.2 网络虚拟化

计算机网络中部署了大量复杂多样的网络功能，包括防火墙、网络监控功能、负载均衡器、入侵检测和防御。在传统网络中，通常使用中间件（Middlebox）设备承载网络功能。中间件属于专有硬件，每种网络功能有各自独有的中间件设备。中间件设备处理报文的功能强大，但开发周期长、更新换代缓慢、部署灵活性差、投资与运营成本极高，难以应对新型网络业务迭代快速和频繁剧烈的流量变化的挑战。

网络虚拟化是一种创新技术，它通过资源划分、资源整合、资源复用等技术在公共的网络硬件基础设施上构建多个逻辑上的网络，即虚拟网络，以此提高互联网的灵活性和可扩展性，虚拟网络架构模型如图 1.7 所示。在网络虚拟化技术中，网络中的交换机、路由器等网络节点、网络链路、网络端口等物理网络元素可以被它们各自的虚拟表示形式所取代，管理员也由此能够对虚拟网络元素进行配置，构建类似于物理网络环境的虚拟网络环境。

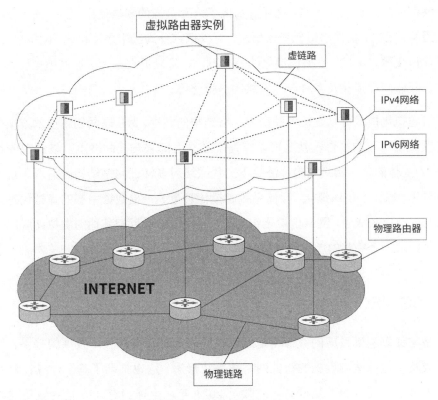

图 1.7　虚拟网络架构模型

网络虚拟化技术建立在主机虚拟化技术的基础上。主机虚拟化是指通过在一台服务器上创建多个虚拟机来构建物理节点的多个逻辑复用，并使用在服务器内部定义的逻辑交换机及网络适配器互联，以此形成一个内部虚拟网络。网络虚拟化技术则将主机虚拟化技术进一步泛化和深化，将虚拟化技术推广到整个互联网上，通过对网络资源进行抽象和划分，使同一个物理网络基础设施能够构建多个独立运行的虚拟网络系统。

网络虚拟化技术有多种分类方式。第一，根据虚拟化的实现方式，可以把它分为横向网络虚拟化和纵向网络虚拟化。横向网络虚拟化是对物理网络进行分段或者归并，划分出多个逻辑网络分段，划分后的网络流量与原来的物理网络流量保持一致。纵向网络虚拟化则通过一定的复用技术，在一个物理网络上创建多个逻辑虚拟网络。其中，每个虚拟网络都能产生自己的流量，这样就实现了一套资源的多次使用，并提高了网络上的资源利用率。第二，根据虚拟化所处层次，可以把它分为应用层虚拟化、网络层虚拟化、链路层虚拟化等。第三，根据虚拟化的分布范围，可以把它分为局域网虚拟化、广域网虚拟化、互联网虚拟化及多种异构网络的虚拟化等。

网络虚拟化技术可以支持多种新型网络结构的共存，为互联网创新技术方案的测试部署提供灵活可控的平台，甚至可以作为产品网络部署在互联网上，以此改变目前以 TCP/IP 为主体的单一网络结构，满足下一代网络对多样性网络结构的需求。目前，服务器虚拟化、操作系统虚拟化、存储系统虚拟化甚至大规模数据中心的虚拟化等虚拟化技术的发展已比较成熟，网络虚拟化作为缺失的一环，可以把其他的虚拟化应用互联起来，从而营造一个完整的虚拟化计算环境。

1.4.3　5G MEC

网络与计算基础设施的边缘化是近年来网络和计算架构技术发展的趋势，目前已逐渐形成基于边缘基础设施的智能网络和系统形态，这也推动了基于边缘计算的感知和计算模式的发展。相关数据显示，截至 2021 年，全球约有 470 亿台设备通过无线接入物联网。

与此同时，将有越来越多的应用，比如人脸识别、语言处理、在线游戏等，对计算提出越来越高的要求。未来，有限的设备资源将可能无法满足应用快速增长的需求。另外，随着这类新兴多样的服务日益成为移动用户娱乐和生活不可或缺的一部分，人们对沉浸式服务的体验质量的期望也越来越高。如此高涨的数据服务需求，正在给服务提供商和移动网络运营商带来新的挑战。未来 5G 的愿景是，以用户可承受的价格提供定制的、高级的、以用户为中心的价值，并支持上下文感知和邻近服务，在用户密集区域和移动中提供服务，以及让用户体验更好的以多媒体为中心的服务。诺基亚 CIMS 和电信云基础架构某负责人曾表示，未来的电信基础设施将提供不超过 1ms 的通信延迟，支持每秒超过 10 Gbps 的网络速度，并托管多达万亿台的设备，且每台设备的平均成本将降低到 1 美元。该负责人举例说，在当前的通信网络中，距离最终用户 10000km 的云数据中心可以提供预期不超过 100ms 的延迟。但是，如果人们希望把延迟降低到 4ms，那么云数据中心与最终用户的距离不能超过 30km；如果延迟需要低于 1ms，则云数据中心几乎需要在最终用户视线范围内的服务器上进行部署。

　　另外，随着工业互联网的迅猛发展，出现了许多对延迟敏感的应用。例如，工业控制应用需要通过互联网对设备进行远程控制；设备监控应用需要通过监控数据来分析设备的运行状态，以实现智能设备管理；大量的机器学习应用需要收集包括视频、传感器数据等在内的大量生产数据，以便智能地协助管理人员做出决策。这些应用对网络有更高的要求，其中之一是低延迟。如果网络延迟过高，则这些应用程序将无法满足工业互联网场景的需求。例如，某些远程控制类应用要求延迟不能超过 10ms，设备安全监视应用则要求尽可能低的延迟。然而，在过去 10 年间，互联网的发展形势是将资源逐渐集中到云端，即所有计算和存储资源都放置在云端，并以虚拟化的形式提供给用户，从而节省了本地计算成本。但是，云计算中心通常与用户有一定的距离，因此带来了额外的延迟。现有的消费互联网用户可以容忍这种延迟，但是它对关键的工业互联网应用会产生致命影响，这种影响可能会给用户带来巨大的损失或安全隐患。

　　为解决以上问题，边缘计算被提出来了，边缘计算架构如图 1.8 所示。边缘计算通过将计算资源部署在离用户更近的区域，为用户提供更严格的网络服务质量保障。例如，移动边缘计算（Mobile Edge Computing）通过将计算任务安排在靠近边缘的无线接入网络中，如蜂窝基站或者接入网关，可有效地解决设备资源的限制与不断增长的计算需求之间的矛盾。随着物联网泛在感知和新一代机器学习算法的涌现，智能化开始在各种边缘计算场景崭露头角。面向边缘智能的计算与网络架构，已在传统网络拓扑结构、数据传输、资源分配、智能服务模式等方面产生深远影响。

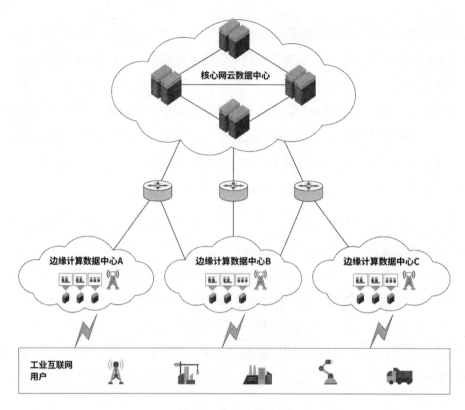

图 1.8　边缘计算架构

　　近年来，边缘计算模式的先进性在工业界已得到验证。以谷歌边缘网络（Google Edge Network）、英特尔边缘虚拟化（Intel Edge Network Virtualization）等为代表的服务验证了边缘计算模式在智能感知和计算上的优势。

　　欧洲电信标准化协会（ETSI）将移动边缘计算更名为多路访问边缘计算（Multi-Access Edge Computing），这突显了移动边缘计算的规模和应用范围在更广阔的电信领域中的迅猛发展。新的名称将继续使用 MEC 的缩写。除了名称变更，ETSI 还表示，多路访问边缘计算的重点将扩大到协调部署在多个不同网络中的多个 MEC 主机上。这些 MEC 主机将由各种运营商拥有，并以协作的方式运行边缘应用。此次扩展将在多种异构网络如 LTE、5G 技术和 Wi-Fi 技术上进行。目前，扩展的工作主要是简化应用程序编程接口，以及整合网络功能虚拟化架构。MEC 系统提供了一个标准化的开放系统，以支持各种基于虚拟化技术的开发和部署模型，并具有使应用程序发现其他主机上可用的应用和服务的功能，同时具备将请求和数据定向到一个或多个主机上的能力。这种新兴的 5G 生态系统包含一个通过虚拟化和软件化方式把网络和信息技术资源与云计算服务集成为一体的异构通信环境。

1.4.4　小结

本节带领大家一起了解了网络的最新发展。5G 对接入网协议进行了更新（当然也包括一部分承载网和核心网），入网协议、承载网、核心网一起构成了整个网络的主体。5G 对承载网和核心网提出了更高的要求，而承载网和核心网的发展也为 5G 提供了更加坚实的基础。许多新的网络技术的出现使得 5G 能够更好地体现出大带宽、低延迟、广连接的特性，比如虚拟网络技术、5G MEC、网络切片、网络编程等。

第2章

边缘计算

2.1　边缘计算的介绍

从本章开始，我们将系统地介绍边缘计算，带大家畅游边缘计算的神奇世界。通过本章大家将了解边缘计算是什么、边缘计算的结构，以及边缘计算为什么具有更大的优势。此外，我们还会聊聊边缘计算与云计算、端计算之间的关系。

2.1.1　边缘计算的定义

关于边缘计算的定义，工业界和学术界讨论已久（工科学术圈的人经常把世界简单分为工业界和学术界）。关于它的准确定义，工业界和学术界至今也没有统一标准。为了让大家了解边缘计算的定义，我们给出一些自己的理解（实际上是引用）。

有观点认为，边缘计算是指在靠近物或数据源头的网络边缘侧，融合网络、计算、存储、应用核心能力的开放平台。它充分利用整个路径上各种设备的处理能力，就地存储、处理隐私和冗余数据，降低网络带宽占用，提高系统实时性和可用性，满足行业数字化在敏捷连接、实时业务、数据优化、应用智能、安全与隐私等方面的关键需求（参考边缘计算产业联盟的定义）。

有观点认为，边缘计算是指在网络边缘执行计算的一种新型计算模式。其中，边缘计算对数据的计算包括两部分：下行的云服务和上行的万物互联服务。

有观点认为，边缘计算是一种使能技术，它可以在网络边缘对物联网服务的上行数据及云服务的下行数据进行计算。这里的"边缘"指的是在数据源与云端数据中心之间的任何计算及网络资源。例如，智能手机就是个人与云端的"边缘"，而智能家居中的网关就是家庭设备与云端的"边缘"。边缘计算的基本原理就是在靠近数据源的地方进行计算。从这一点来看，边缘计算与雾计算类似，但是边缘计算更侧重"物"这一侧，而雾计算更侧重基础结构。

还有观点认为，边缘计算是指在靠近物或数据源的一侧，把网络、计算、存储、应用核心能力集成为一体的开放平台。它就近提供最近端服务，产生更快速的网络服务响应，满足在实时、智能、安全与隐私保护等方面的基本需求。5G 有低时延、高可靠的通信要求，边缘计算已成为它的支撑技术。

我们认为，通俗地讲，边缘计算就是把云端的计算存储能力部署到一张大的网络中，用分布式的计算与存储，在距离用户很近的地方直接处理用户提出的计算、存储、传输要求，以此满足不断出现的新业态对于网络大带宽、低时延、低成本的硬性要求。

IDC 预测，到 2025 年，全球物联网设备数量将达到 416 亿台。物联网发展将受到网络带宽的限制，海量数据需求在网络边缘分析、处理与存储。

2.1.2 边缘计算的结构

有影响力的边缘计算联盟是由华为、英特尔、ARM、中国科学院沈阳自动化研究所、中国信息通信研究院和软通动力在 2016 年 11 月发起成立的边缘计算产业联盟。边缘计算产业联盟致力于边缘计算在各行业的数字化创新与行业应用落地。

根据边缘计算产业联盟发布的边缘计算参考架构,整个边缘系统被分为三层,即现场层、边缘层、云端。其中,边缘层又分为边缘节点和边缘管理器两部分。

边缘节点是指具有计算和存储能力的功能模块,包括负责处理和转换网络协议的边缘网关、负责闭环控制业务的边缘控制器、负责大规模数据处理的边缘云、负责信息采集与简单处理的边缘传感器。边缘管理器是指对边缘节点的各项功能进行统一管理和调度的系统。

我们举个视频分析的例子。手机和网络摄像头的普及使得视频分析成为日常技术,虽然它很常见,但之前如火如荼的云计算搞不定这事,原因在于视频传输路途太远、路费太高(也就是带宽费太高)。这些视频数据不可能都上传到云端,因此只能不分析或在本地部署服务器。如果有一种方法能让路费便宜一些,或者路途近一点,让我们不用花费多少费用就能够享受视频分析带来的便捷和智能,这个世界就更加美好了。实际上,有了边缘计算,人们就能搞定这事。边缘计算能让我们既便宜又快速地享受这种便捷服务。

2.1.3 边缘计算的优势

边缘计算能够提供大带宽、低延迟、灵活计算及位置感知。对于没有这方面专业知识的人们来说,这种描述比较抽象,不够平易近人,让人总有一种所有文字都能看懂,但就是不太理解的疏离感。

下面我们将进行举例,以便大家体会边缘计算的优势。

在智慧城市场景中,大量的传感器如摄像头、红外线、超声波、激光雷达、温湿度计、水电风的流量计、速度计等会部署在我们周边，这些传感器通过传输网络把数据发送给服务器、机房、云数据中心等形式各异的计算机或计算机集群。

一个拥有 100 万人口的城市，每天预计会产生 180PB 以上的数据，这些数据每分每秒都在网络中传输，给网络资源造成了巨大的消耗。这些数据在服务器机房和云数据中心进行分析和存储，其中部分分析价值大的数据会被实时处理，我们将这些服务器机房和云数据中心叫作大加工厂。除此之外，还有大量的数据只是做了保存，保存它们的地方就像一个个大仓库一样盛满了数据，我们将这些服务器机房和云数据中心叫作大仓库。我们知道，通常建这些大加工厂、大仓库都是比较耗时费力的，并且把数据都集中运输到大加工厂、大仓库也劳民伤财。那么，有没有什么好办法，不用把数据运输这么远，也能加工和保存呢？

在揭晓答案前，我们先讲个故事。2005 年 6 月，中共中央办公厅、国务院办公厅印发《关于引导和鼓励高校毕业生面向基层就业的意见》。2006 年 2 月，中央组织部、人事部、教育部等 8 部委下发通知，联合组织开展高校毕业生到农村基层从事支教、支农、支医和扶贫工作。此后，大学生"村官"工作进入大范围试验阶段，百万名学生下基层，浩浩荡荡地奔向更广阔的天地。

2005 年起，北京、四川、江西、福建、青海、辽宁、贵州、陕西、山西、安徽、上海、吉林、湖南、甘肃、宁夏、内蒙古、云南、山东等省（自治区、直辖市）先后启动大学生"村官计划"。"村官"给农村的经济增添了新的活力，推动人才的逆向流动，向农村输入有文化、懂技术的优秀人才，将科学技术送到农村基层，带领广大农民崇尚科学、弘扬新风，为新农村建设注入新的动力和活力，带领农民走上致富路。

"村官活动"将知识青年送到了基层。类似地，边缘计算将计算能力送到了基层。它把计算能力送到了传感器数据产生的基层、计算需求产生的基层、网络传输和存储急迫需要的基层，让计算无处不在，贴身为大家服务。这就是边缘计算，一种向基层送温暖的服务。

言归正传，我们回到刚才的例子中。在智慧城市系统中，如果每天将 180PB 以上的数据在城市的网络中传来传去，耗费是非常巨大的。这些数据来自公共安全、医疗健康、交通运输等领域。令人遗憾的是，如果我们直接给这个城市建造一个集中式的云数据中心来处理这些数据是不现实的，不是数据中心建不起，而是建好了数据也难以传上来，花费巨大经费在数据传输上是很不经济的。这正是边缘计算发挥作用的好机会。边缘计算的算力分布广泛，像毛细血管一样深入城市的各个地方，使得各种传感器数据像毛细血管中的血液一样在局部完成了微循环。一个个小的边缘计算中心在传感器周边部署，非常快速地解决了数据传输、计算和存储问题。只有在出现异常情况时，才需要云数据中心进行集中管控和干预。同时，这些边缘计算中心天然自带位置属性，哪块区域的传感器出现异常数据，都能够很快地定位到具体位置。这种快速响应、快速计算、快速服务的特性，很符合智慧城市的需求。这就是边缘计算的好处，大家了解了吗？

2.1.4　云、边、端计算之间的关系

各种各样的计算，名字看起来有点像，但是它们之间到底是什么关系呢？这涉及一种神秘的力量——算力。

算力的神秘之处就在于，算力在哪里，哪里就是计算的中心。例如，算力在云上，云就是计算的中心，我们叫它云计算；算力在边缘，我们就叫它边缘计算；算力在终端，我们就叫它终端计算。中心>边缘>终端，从这个顺序来看，越来越具体，越来越看得见、摸得着，越来越靠近数据产生的地方。终端聚集着大量各式各样的传感器，而形形色色的传感器数据需要被分析、加工和处理，这时就需要算力来发挥作用了。算力在哪里，生产力就在哪里。

算力从云数据中心向终端下沉扩散过程中会遇到各种各样的情形。它经过骨干网中大大小小的服务器和路由器向下逐渐延伸、分散到接入网，再经过接入网中大大小小的服务器和路由器到达更边缘的基站和机房。这些基站和机房就构成了网络的最边缘，算力部署在这里，距离传感器已经非常近，近到只要一有数据进入网络就可以马上得到算力的支持，数据不用在网络中经过长距离传输。从这个角度看，边缘计算实际上是把原

来网络中比较中心化的算力，更有效地分散到更需要它的网络边缘地带。这些网络边缘地带距离传感器数据更近，像章鱼的触角一样把算力扩散。

2.1.5　小结

本节主要介绍了边缘计算的定义，它的常用结构和优势，以及几种计算之间的关系。如果用一句话来总结，那就是边缘计算是围绕在人们身边的计算。人们不用担心究竟哪台物理机器真正承载了边缘计算，它可以是一台计算机，也可以是一台服务器，甚至是一部手机。边缘计算这个大系统帮助人们解决了这些事情，这使得计算触手可及，需要的时候招之即来，不需要的时候挥之即去。我们将这个大系统称为边缘计算网络，它看起来像一台能力特别强的计算机，距离人们很近，近到就像在人们身边。

2.2　云计算与边缘计算

为了让大家理解云计算和边缘计算，在详细论述之前，我们先给大家形象地举个例子，以便大家更好地理解它们之间的关系。如果将各种计算体系类比于医疗体系，那么云计算就像医疗体系中的三级医院，云计算里面包含着各种各样功能完备的数据中心，有着全面、强大的计算能力和存储空间，这些就像三级医院一样，具备非常完善的诊疗功能。但是，就像三级医院分布得比较少，通常集中在省会或一、二线大城市一样，云计算的计算节点也比较集中，比如在风电、水电、煤电比较便宜的地方，或者少数几个大城市。

当我们需要云计算服务时，我们先把需求发到云计算中心进行处理，处理的结果再通过网络传输回来。这种方式的不足就在于，当云计算中心比较远时，从需求发到云计算中心，到计算结果返回的过程，需要很长的传输时间和很高的费用，成本较高。边缘计算就像各类二级地区性医院、一级社区卫生服务中心，能够很好地对需求进行分流和分级诊治，并把医疗设备、医疗服务、医务人员下沉，就近为用户提供服务。

当有些计算需求不是很复杂时，边缘计算就可以很好地将它们解决，计算需求不用被送到云计算中心那么远的地方计算。终端计算就像家庭医生，能够满足用户个性化、私密化的需求。但是，它的不足也比较明显，家庭医生的诊疗能力有限，只能看一些比较轻、比较小的病症，稍微重一点或复杂一些的病症，就需要二级医院甚至三级医院的介入了。边缘计算是云计算的延伸和发展的新形态，可以有效地协助云计算的运行，并处理海量数据。接下来，我们详细介绍一下云计算和边缘计算。

2.2.1　云计算的工作原理

上文提到，云计算就像三级医院一样，是能够跨省市提供全面"医疗服务"的技术中心。在互联网中，云计算的基本工作原理是，当用户在运行应用的时候，不需要在自己电脑、手机这些终端设备上运行，而是在互联网中大大小小的数据中心运行，而且无须对终端设备的性能有过多要求。当我们想要存储数据的时候，不需要占用自己的本地存储空间，而是可以将数据存储到这个虚拟的互联网数据中心，如图 2.1 所示。这样，用户可以体验到强大的运算能力和存储空间，从而提高工作效率和计算资源的使用率。

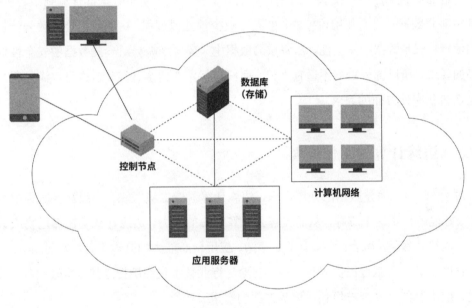

图 2.1　云计算系统图

2.2.2　云计算的瓶颈

近年来，随着人工智能与物联网的快速发展，海量的数据自下向上流动。云计算虽然是个强大的数据中心，但也存在局限性。正如上文所列举的医院的例子，如果常见的感冒、咳嗽等患者都扎堆到三级医院，那么难免会导致三级医院的就诊压力巨大。类似地，如何快速地将海量的数据上传到云端处理成为一个难题。其中，网络带宽和计算吞吐量成为 5G 时代云计算的瓶颈。

一般而言，对数据进行处理时，若只通过云计算进行数据处理，则数据处理会存在拖沓的情况。从整个流程来看，所有数据先通过网络传输到中心机房，再由云计算进行处理，在处理完成后，结果被传输到相应位置。这样的数据处理方式会存在三个较为突出的问题——时效性、有效性、安全性。一是算力的时效性。数据反馈会出现延迟，而海量数据传输是这个问题形成的主要原因。数据在有限的带宽资源中传输会出现阻塞的情况，进而导致响应时间变长。二是算力的有效性。如果所有数据都传输到中心机房，而其中部分数据是没有使用价值的，但因为缺少预处理过程，这些数据会导致云计算算力的浪费。三是数据的安全性。在海量的数据中，客户终端会对一些数据的安全性提出更高的要求，所以部分数据不适宜上云，而应该保留在终端计算，这样可以满足客户在安全性和私密性方面的需求。

2.2.3　边缘计算的工作原理

对于 5G 时代海量数据的处理需求，边缘计算就像二级医院、一级社区服务中心一样，很好地解决了这个难题，从而缓解云计算中心的压力。边缘计算是在靠近物或数据源头的网络边缘侧，融合网络、计算、存储、应用核心能力的开放平台，如同二级医院、一级社区服务中心就近提供服务一样，它满足行业数字化在敏捷连接、实时业务、数据优化、应用智能、安全与隐私保护等方面的需求。

云边协同的联合式网络结构一般可以分为终端层、边缘计算层和云计算层，如图 2.2 所示。各层可以进行层间及跨层通信。各层的组成决定了层级的计算和存储能力，并决定了各个层级的功能。

（1）终端层：由各种物联网设备（如传感器、RFID 标签、摄像头、智能手机等）组成，用于实现数据的收集与上传。在终端层中，网络只需要考虑设备的感知能力，其作为应用服务的数据输入口。

（2）边缘计算层：由网络边缘节点构成，广泛分布在终端设备与计算中心之间。它可以是智能化终端设备本身，如智能手环、智能摄像头等，也可以被部署在网络连接中，如网关、路由器等。边缘计算层通过合理部署与调度网络边缘侧的存储与计算能力，实现基础服务的响应。

（3）云计算层：在云边协同的计算服务中，云计算依然是最强大的数据处理中心。边缘计算层可以将部分数据上传到云端进行永久性存储。同时，边缘计算层无法处理的分析任务，仍然需要在云计算中心完成。另外，云计算中心可以根据网络资源的分布特点，动态调整边缘计算层的部署策略和算法。

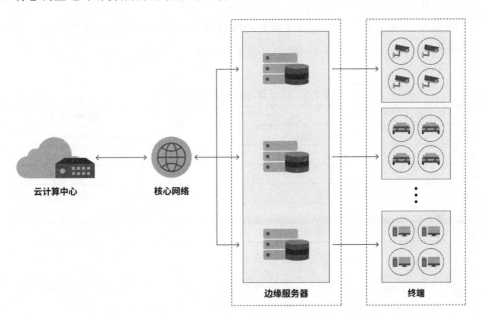

图 2.2　云边协同的联合式网络结构

2.2.4　云计算与边缘计算相得益彰

如同在三级医院、二级医院、一级社区服务中心的协同下，社会医疗压力得到有效缓解一样。类似地，在云计算和边缘计算的结合使用下，企业使用传统云计算架构面临的存储过剩问题得到缓解。移动边缘设备可以只向云计算中心发送处理过的信息，由此减少不必要的数据存储和网络传输，从而降低企业在云计算中心的存储空间成本和网络传输成本，最终实现协同效益最大化。

边缘计算作为一种新型的网络结构，是对传统云计算的协同与补充。云计算与边缘计算各有特点，云计算具有非实时性、全局性、长周期的数据分析与处理能力，它能够在长周期维护、决策支撑等方面发挥优势；而边缘计算更强调实时性、局部性、短周期数据的分析与处理，能更好地支撑本地业务的实时智能化决策与执行。

因此，云计算与边缘计算之间不是替代关系，而是互补协同关系。为了满足现代各种各样智能化应用场景的需求，云计算和边缘计算需要紧密协同，从而放大云计算和边缘计算的应用价值。通过表2.1，我们可以更加直观地了解这一点。

表 2.1　云计算与边缘计算的协同点

协 同 点	云 计 算	边 缘 计 算
资源	基础设施/设备/终端	基础设施及调度管理
数据	数据分析	数据采集分析
智能	集中式训练	分布式推理
应用管理	开发/生命周期	应用部署硬件环境
业务管理	业务编排	应用实例
服务	维护/优化/质量等	维护/优化/质量等

边缘计算在传统云计算的架构中插入边缘层，当新一代的网络架构搭建完成后，云计算和边缘计算将协同发挥各自优势。边缘计算能够有效解决以下问题。

1. 高可靠、低延迟的计算需求

万物互联时代产生的海量数据对网络带宽带来了巨大的挑战，仅依靠传统的云计算中心去处理数据容易导致处理的延迟。单一的云计算架构已经无法满足工业互联网、车联网、VR/AR 等延迟敏感型应用场景对可靠性和实时性的计算需求，但通过在边缘设备上进行数据分析，可有效应对数据爆炸问题，从而减轻网络的流量压力。边缘计算能够缩短设备的响应时间，减少从设备到云数据中心的数据流量，以便在网络中更有效地分配资源。

2．网络资源能耗浪费

与数据中心的服务器相比，用户终端的硬件条件相对受限，它们无法执行复杂的分析任务，且执行过程耗电量大。因此，终端设备通常需要将数据发送到云端进行处理和运算，然后把信息通过中继返回终端。然而，不是终端设备的所有数据都需要由云计算执行，而是可以利用适合数据管理任务的空闲计算资源，在边缘节点进行过滤或分析，这能在缓解云端存储与计算压力的同时，充分利用边缘侧的资源，降低资源能耗的浪费。

3．网络流量压力

随着物联网的发展，数据的接入不断增加。然而，网络的带宽资源有限，云端因此无法负担爆炸式的数据增长，但通过在边缘设备上进行数据分析，可有效应对数据爆炸的问题，从而减轻网络的流量压力。另外，边缘计算能够缩短设备的响应时间，减少从设备到云数据中心的数据流量，以便在网络中更有效地分配资源。

4．安全隐私问题

大数据时代，数据安全和个人隐私问题是数据中心面临的挑战。数据泄露、黑客攻击事件的频发给信息安全带来了严峻的考验。如果人们将一些隐私数据上传到数据中心，则会加大信息泄露的风险，由此对企业和个人造成困扰。如果人们在边缘设备上存储相关数据，则可以降低类似的泄露风险，达到保护数据隐私的目的。

2.2.5　云计算与边缘计算的市场发展趋势

IDC 预测，全球物联网终端设备安装数量有望在 2022 年超过 500 亿台，边缘计算市场规模将超万亿元，成为与云计算平分秋色的新兴市场。可见，云计算的市场发展并不是孤立的，需要结合边缘计算，在 AI、物联网、大数据等领域共同发展。边缘计算分布式的架构将引起"去中心化"浪潮，整个边缘计算平台将会变得更加开放、更加智能、更加安全，与云计算相得益彰。

对于边缘计算不同的垂直行业，它们未来发展的速度与信息化、智能化给其带来的效率提升幅度相关（见表2.2）。一般来说，信息化、智能化能给安全监测、节能、巡检和现场运营分别带来 50%、5%、50%和 20%的效率提升。另外，针对部分有营销的场景，边缘计算能给它们带来 10%的效率提升。例如，在智慧工地场景中，安全监测占3%的成本，巡检占1%的成本，现场运营占10%的成本，综合考虑，信息化、智慧化能带来大约4%的效率提升。同样，智慧社区的效率提升幅度为 0.75%，智慧零售（奢侈品）的效率提升幅度为 2.5%，智慧楼宇的效率提升幅度为 2.25%，智慧化工园区的效率提升幅度为 5%，智慧数据中心的效率提升幅度为 3.75%。

考虑到单个场景的净利润不相同，我们认为智慧工地、智慧化工园区、智慧数据中心等场景的发展速度要比智慧社区、智慧零售（奢侈品）、智慧楼宇等场景的发展速度更快。

表2.2　行业数字化成本与效率提升幅度

	净利润	安全监测（50%）	节能（5%）	巡检（50%）	现场运营（20%）	营销（10%）	总体
智慧工地	5%	3%	NaN	1%	10%	NaN	4%
智慧社区	5%～15%	1%	NaN	0.5%	NaN	NaN	0.75%
智慧零售（奢侈品）	10%～20%	0.5%	NaN	0.5%	NaN	20%	2.5%
智慧楼宇	5%～10%	1%	30%	0.5%	NaN	NaN	2.25%
智慧化工园区	5%～20%	2%	20%	2%	10%	NaN	5%
智慧数据中心	10%～20%	1%	50%～60%	0.5%	NaN	NaN	3.75%
云游戏/流媒体	20%	NaN	NaN	NaN	20%	20%	6%
智慧餐饮	NaN	NaN	NaN	5%	NaN	NaN	2.5%
智慧水利	NaN	NaN	NaN	10%	NaN	NaN	5%
智慧交通	NaN	NaN	NaN	15%	5%	NaN	8.5%

2.2.6　主要应用场景

总体来说，云计算可以用于相对长周期、全面性的大规模数据的分析和处理，以及延迟不敏感的应用场景；而边缘计算则可以用于较短周期、局部性的数据的分析和处理，以及要求实时性、安全性的应用场景。接下来，我们具体看看有哪些应用场景。

云计算应用场景主要在数据处理、数据备份、企业应用方面。

（1）数据处理。企业可以通过云计算平台对企业内部的数据进行大规模处理，这样能够帮助企业进行大量复杂数据的分析，从而使管理者可以快速做出更好的决策。

（2）数据备份。数据备份一直是比较复杂且耗时的工作。数据量大的时候，数据备份不仅在传输过程中容易发生意外，还在重新加载备份的时候容易遇到时间长、出现故障等问题。相比之下，云计算可以很好地优化这些问题。

（3）企业应用。在商业社会，企业之间自然少不了共享式的商务合作。通过接入云端的应用，双方企业可以自由灵活地在云平台上开展业务合作，降低了企业的时间和成本支出，提高了工作效率。

边缘计算的应用场景主要有车联网、VR/AR、工业互联网、人工智能、物联网方面。

（1）车联网。随着机器视觉、深度学习和传感器等技术的发展，汽车的功能不再局限于传统的出行和运输，而是逐渐变为一个智能的、互联的计算系统，车联网由此出现在人们视野中。近年来发展比较火热的自动驾驶，是基于车辆对周围数据的实时读取和处理来运行的，它对延迟的要求较高。如果车联网只依靠传统的网络，则数据只能通过远程云计算中心进行处理，这容易造成传输端网络阻塞和计算中心的超负荷，进而威胁到行车安全。这时，网络需要在接近汽车的地方进行数据处理并反馈，边缘计算轻量级的云计算能力恰好能满足车联网的这个需求。

（2）VR/AR。虚拟现实（VR）与增强现实（AR）是能够彻底颠覆传统人机交互内容的变革性技术，边缘计算可以促进它们的快速发展。VR/AR 需要大量的数据传输、存储和计算功能，边缘计算可以为 CDN 提供丰富的存储资源，同时可以降低云 VR/AR

终端设备的复杂度，提高这些云服务的访问速度。

（3）工业互联网。随着越来越多的设备联网和大量数据的传输，网络和云系统会产生巨大的压力。边缘计算能实时采集、监控、控制和智能化协同系统的工作，实现毫秒级的响应处理。数据中心仅需要通过边缘设备获取关键数据即可。边缘计算可以将各大系统与技术进行有机融合，帮助挖掘实时产生的海量数据的巨大价值，同时预防安全隐患。

（4）人工智能。伴随着人工智能的迅速发展，人脸识别、图像识别、视频识别、语音识别等多项 AI 技术不断涌现，它们对延迟的要求较高。边缘计算可以将采集的数据在边缘进行处理，提高网络响应速度，极大降低延迟，从而让更多的领域实现 AI 智能。

（5）物联网。物联网是实现行业数字化转型的重要手段，并将催生新的产业生态和商业模式，而借助边缘计算可以提升物联网的智能化程度，促使物联网在各个垂直行业落地生根。在物联网时代，海量设备不断连接到云端。据统计，到 2020 年，物联网智能设备安装超过 200 亿台。大量设备安装后会连接到物联网，造成数据爆发式增长。如果仅依赖云计算，则无法为这些设备提供实时服务，因此需要云计算与边缘计算相互协同来应对这个挑战。

2.2.7　小结

本节介绍了当前比较流行的两种计算形式：云计算和边缘计算，论述了两种计算的特点和应用场景。我们可以看到，云计算的计算能力虽然强大，但是算力比较集中，而且在计算的时效性、有效性、安全性方面存在不足；边缘计算分布得更加广泛，且贴近用户需求，使得哪里有需求哪里就有计算与之配合，而且它在高可靠、低延迟、降低网络带宽和计算资源消耗方面，具有更加突出的优势。两种计算的应用场景不同，具有的特点不同，很难说哪一种能够完全替代另一种，目前来看这两种形式将会长期共存、互为补充。

2.3　边缘计算与物联网

2.3.1　物联网的发展状况

我们简单介绍一下什么是物联网。物联网的英文缩写为 IoT（Internet of Things），可以通俗地解释为，通过传感设备，基于互联网、传统电信网等载体，使得所有普通物体都能够实现互联互通。

物联网使得万事万物都能够智能化。小到家中的家居物品，大到城市中的供水系统、交通系统、医疗系统等，物联网能够对这些大数据整合而成的资源进行实时的管理和决策支持，由此提高了生产效率，减少了资源的浪费，促进了社会的进步，对社会的发展有着极大意义。物联网的发展与 5G 技术紧密相关，5G 网络的出现使得物联网不需要单独开辟新的局域网，这将降低物联网的构建成本，使物联网的发展有了坚实的基础。同时，5G 的灵活性正适合用来处理物联网的多样化数据。因此，5G 与物联网的协同发展，必将成为未来科技发展的主旋律。在之前的几代移动通信技术中，甚至在 4G 时代，网络延迟及资源不足的情况限制着物联网的发展。如今的 5G 和边缘计算等技术愈发成熟且稳定，并具有低延迟、大带宽、高可靠、高隐私性等特点，可满足物联网不同业务需求的应用场景，为物联网的发展带来极大的助力。

物联网的功能主要包括在线实时监测、报警联动、灵活升级等。

1. 在线实时监测

这个功能是物联网最基础的功能。实时监测系统通过感知层中的监测设备，如摄像头、传感器等，在 5G 技术的支持下将提取的数据输送到应用层，可以实现与用户的良好交互。实时监测系统可在物联网的众多应用场景中发挥重要作用，比如监测智慧工地中人员轨迹、违规行为等监控视频数据，实时掌握车辆、塔吊、升降机等机械管理数据，以及感知火灾、扬尘、有害气体等安全管理数据。此外，它还可以监测工厂中生产设备运行状态的监控数据、产品质量自动检测数据、工人作业视频、无人车等自动物流系统数据，或者掌控智慧家居中温度、湿度、门窗、灯光、安防、燃气等监控数据。

2．报警联动

报警联动系统是由探测器、自动报警器和联动系统组成的，通过全天 24h 的实时监测，收集各单位的数据，并传输到相关监管部门。它通过对上述数据的监测，帮助人们及时地对险情进行处理或提出相应的解决方案。智能化的安防系统为社会稳定提供了强有力的保障，极大提高了效率、降低了成本。

3．灵活升级

物联网还有一个很重要的灵活升级功能，这个功能避免了物联网大面积的硬件更替及成本的浪费。物联网应用管理系统可运行在云端，通过边缘智能平台与边缘服务器实现实时交互、应用部署与算法升级。

接下来，我们简单介绍一下物联网价值链上的相关公司。根据物联网技术架构的不同，可以把物联网分为四层：感知层、网络层、平台层和应用层。感知层是物联网的底层，主要通过基础芯片、射频器件、传感器等获取信息；网络层通过传输技术将感知层获取的信息进行传输；应用层则将这些物联网技术应用到各行业中，比如比较常见的智慧家居、智慧园区、智慧城市、车联网等行业。

（1）感知层。在传感器方面，有汉威电子、士兰微、歌尔股份、华工科技等公司。在 MCU 方面，有中颖电子、中软载波等公司。在智能控制器方面，有和而泰、拓邦股份等公司。在 RFID 方面，有远望谷、高新兴等公司。

（2）网络层。在通信芯片方面，有中兴通讯、紫光股份等公司。在天线方面，有硕贝德、武汉凡谷等公司。在模块方面，有广和通、美格智能等公司。

（3）平台层。平台层主要由各大互联网和电信巨头提供。

（4）应用层。我国在应用层拥有不同应用场景下的众多优秀企业。在车联网方面，有中海达、高新兴、海格通信等公司。在工业互联网方面，有东土科技公司。在智能表计方面，有宁波水表、新天科技等公司。

2.3.2　边缘计算与物联网的技术关系

物联网是各行业实现数字化转型的重要手段，并将催生新的产业生态和商业模式。借助边缘计算，物联网的智能化水平可以不断提升，这会促使物联网在各个垂直行业落地生根，从而促进物联网的快速发展。此前，物联网所使用的互联网和电信网能够提供的网络能力和带宽都相对有限，并且终端的处理能力也有限，所以在技术方面存在以下制约。

（1）网络能力。物联网终端连接着海量数据，这些数据的传输、处理、存储对网络能力的要求都非常高。

（2）数据时效。自动驾驶、VR/AR 等应用场景对数据处理的时效性有着很高的要求，一般都在毫秒级别。如果网络按照以往的方式将数据传输到云端，不仅会带来较差的用户体验，还可能造成安全隐患。

（3）终端限制。终端由于自身的计算能力、处理能力、存储能力有限，无法满足海量数据处理的需求，如果终端将数据传输到云端，又无法满足延迟需求。

（4）终端异构。大量的终端系统采用不同的连接协议。如果物联网按照原来的方式连接不同的终端，将无法进一步对采集的数据进行处理。

（5）安全隐私。政府部门或部分企业的数据不希望被上传到云端，因为它们担心存在安全隐患。

随着 5G 和边缘计算的快速发展，上述五大技术瓶颈都可迎刃而解。边缘计算可以为物联网带来以下新特性。

（1）低延迟。物联网在边缘侧进行分布式部署，就近进行数据收集、数据处理、数据分析和数据存储，保证了低延迟的需求。

（2）计算能力。边缘节点设备采用高性能的 CPU、GPU 等，在网络传输、AI 算法、存储等方面有着强大的能力，能够满足物联网的需求。

（3）边缘智能。人们可以为物联网提供边缘智能化服务，对数据进行分层处理，只把复杂的、有需要的且对延迟不敏感的数据上传到云端。

（4）安全性。数据可以直接就近存储到本地设备上，保证数据的安全性、隐私性。边缘计算的这些优势将会赋能物联网，使得物联网发展得更快更好，由此加速传统行业的数字化转型。

2.3.3 小结

本节介绍了物联网的基础知识，并阐述了物联网传统的五大技术瓶颈如何被边缘计算逐一突破。在 5G 和万物互联时代，边缘计算将帮助物联网众多应用场景下的海量终端设备获取实时的计算能力和数据存储能力，以此推动物联网在各行业的推广，助力不同行业进行数字化转型。

2.4　边缘计算与大数据、人工智能及区块链

本节将介绍大数据、人工智能及区块链的基础知识，以及它们与边缘计算交互的现状和未来的发展方向。

2.4.1　大数据与人工智能简介

下面，我们介绍一下大数据和人工智能的基础知识。

相关资料显示，大数据这个概念 20 世纪 90 年代就开始被使用，但受到技术和数据量的限制，那时候的大数据并没有受到太多的重视。2008 年，《自然》杂志中提出了大数据的概念，这表示大数据开始真正进入人们的视野。到了 2013 年，也就是所谓的"大数据元年"，大数据技术开始向商业、科技、医疗、政府、教育、经济等各个领域渗透。

大数据的定义是，无法在一定时间范围内用常规软件工具进行捕捉、管理和处理的数据集合，是需要新处理模式才能具有更强的决策力、洞察发现力和流程优化能力的海量、高增长率和多样化的信息资产。IBM 给出了大数据的 5 个特点（5V）：海量（Volume）、高速（Velocity）、多样（Variety）、低价值密度（Value）和真实性（Veracity）。海量就是说数据量大，包括采集、存储和计算的量都非常大。大数据的起始计量单位至少是 PB 级，我们平时接触的数据量基本上都在 GB 级。而 1PB=1024TB=1024×1024GB，可想而知，大数据是真的"大"。其他特征就不一一介绍了。

简单说完大数据，再来聊聊人工智能。人工智能是研究开发能够模拟、延伸和扩展

人类智能的理论、方法、技术及应用系统的技术科学。通俗地讲，人工智能就是让机器像人类一样能够进行感知、认知、决策和执行。目前，人工智能的几个主要领域总结起来就是让机器会听（语音识别、机器翻译）、会看（图像、视觉）、会说（语音合成、人机对话）、会思考（人机对弈、定理证明）、会学习（机器学习、知识表示）、会行动（机器人、自动驾驶）、会解决问题（专家系统）等。

现在很多流行的人工智能系统普遍采用人工神经网络来模拟人脑中的神经元，通过调整单元之间的连接参数来学习经验。自 1956 年"人工智能"这个术语正式提出以来，经过 60 多年的发展，人工智能已经成长为一门广泛的交叉和前沿学科。它正处于从"不能用"到"可以用"的技术拐点，但是距离"很好用"还有一定的距离。

人工智能的发展离不开计算资源和大数据的大力支持。人工智能就是在大量的数据中经过非常复杂的计算，得出一个足够准确的模型来支持我们的判断和预测。其中，大数据和计算资源充当了不可或缺的角色。之所以将大数据、人工智能放到一起讲，也是因为它们之间有着非常紧密的联系。

一方面，对于人工智能领域尤其是深度学习训练来说，往往需要非常多的数据及进行非常高密度的计算。因此，目前基于深度学习的人工智能训练程序通常都运行在具有强大计算力的云计算中心。另一方面，对于边缘计算来说，随着计算资源的下沉与分散，边缘计算节点被广泛部署到互联网边缘的接入点（如蜂窝基站、网关、无线接入点等），而边缘计算节点的大量部署也给边缘计算带来了新的问题。很多拥有计算能力的物联网设备往往不是固定在一个地方，如移动设备，其往往具有流动性。因此，当用户在不同的边缘计算节点覆盖范围内移动的时候，计算服务是否应该随之迁移？要知道，计算服务迁移虽然能够降低延迟，但是会带来额外的开销。

幸运的是，人工智能和边缘计算的结合可以缓解它们各自领域的压力。对于人工智能来说，引入边缘计算可以将部分模型训练的计算任务卸载到附近的边缘计算节点，这样可以显著地降低模型训练的成本，而且能够保证很低的延迟。同样，针对边缘计算中计算资源的动态分配问题，人工智能技术可以通过用户的轨迹，高效地预测其短期内的运动轨迹，同时基于最优迁移决策实现预测边缘服务迁移决策，从而进一步提升系统的服务性能。

目前，有学者提出边缘智能的概念，其就是结合大数据、人工智能和边缘计算的技术。边缘智能充分利用终端设备、边缘节点和云数据中心等不同层次结构中可用数据和资源，从而优化人工智能神经网络模型的整体训练和推理的性能。

目前，边缘智能方面的研究还处于起步阶段，未来基于边缘计算和人工智能相结合的研究可能会关注以下几个方向。

（1）平台的搭建。当越来越多由人工智能驱动的计算密集型移动应用程序和物联网应用程序出现之后，边缘智能作为一种服务可以成为普遍范式，具有强大边缘计算能力和人工智能功能的边缘智能平台将会快速部署和发展。

（2）资源友好型边缘智能模型的设计。大部分基于人工智能模型的深度学习训练都有资源高度紧张的特点，这意味着这些模型的性能提升需要丰富的硬件资源。因此，人们未来需要研究如何通过模型压缩技术来调整模型的大小，使之对边缘部署更加友好。

（3）计算感知网络。人们需要计算感知性的先进网络解决方案，以便计算结果和数据能够有效地跨边缘计算节点进行共享。同时，方案要保证数据的安全性，这一点与我们接下来要讲的区块链技术有一定的相关性。

（4）智能服务和资源管理。正如前文所介绍的那样，边缘计算节点的资源分配问题还需要更好的解决方案。

2.4.2　区块链简介

提到区块链，大家第一时间想起的可能就是比特币。没错，区块链进入公众的视野，始于 2008 年一位化名"中本聪"的人提出了比特币的概念，而比特币背后使用的就是区块链技术。进入区块链 2.0 时代之后，人们对区块链的关注点就从加密货币逐渐转移到区块链技术本身上了。区块链技术的实质是不同的节点共同参与的分布式数据库，它是一个开放式的公共账簿。从数据包形成区块，中间通过一种加密的哈希值计算（密码学）技术，把不同时间段的交易信息连接起来，从而形成了区块链。

我们借助一个简单的例子来解释区块链。小红想借小明的 1 元钱，但是小明怕小红赖账，他就找到班长来做公证。由于班长具有公信力，于是大家借钱都来找班长公证，这就是中心化记账。但是，有一天他们担心班长的账本丢了，或者班长使坏更改账本，这该怎么办呢？于是，每个人准备一个账本，等到借钱的时候需要向全班广播，每个人都在自己的账本上记录这笔交易。这样，即使班里有几个人的账本丢了或者故意修改了，也不会影响交易的真相，这就是对区块链的一个简单认知。

区块链技术主要具有去中心化、开放性、防篡改、匿名性及可追溯等性质。区块链技术现在主要应用于金融、征信、资源共享、供应链、数字存证、法务、智慧医疗、智能电网等领域。

简单介绍完区块链，再回到边缘计算上来。我们知道，与云计算相比，边缘计算有一个突出的特点，那就是分布式。而区块链最主要的特点就是分布式，这使得如何将边缘计算与区块链相结合成为人们热衷研究的问题。

边缘计算虽然能够利用边缘设备的算力，但是由于其分布式的特点，在实际应用中，很多计算结果是需要上传的。当面对成千上万台设备时，边缘计算无法很好地验证其数据是否造假，而且无法避免数据泄露和数据隐私的问题。一旦出现这些问题，数据很容易被篡改和滥用，区块链技术可以很好地解决这个问题。区块链技术可以很好地保证数据的可靠性和安全性，再加上它的可追溯性及防篡改性，人们可以很方便地查到数据的来源，从而快速锁定边缘计算中的数据造假者或者搭便车攻击者。同时，区块链可以很方便地开发激励机制，在边缘计算系统中加入激励机制能够在很大程度上鼓励更多的设备参与到计算中来，从而让边缘计算网络获得更多的算力，更高效地执行计算任务。

此外，边缘计算可以为区块链带来福音。区块链技术在物联网移动应用中的发展，因面对大量的计算问题而遭遇重大挑战。移动边缘计算体系结构的提出，可以使物联网方便地利用移动环境中可用的计算能力。另外，移动边缘计算能够满足 5G 网络对低延迟的严格要求。将边缘计算融入区块链，可以为物联网带来丰富的网络边缘的计算和存储资源，可以将区块链系统中的计算密集型任务转移到边缘计算服务器上。同时，边缘计算能够使资源有限的终端参与区块链。由于加入了更多的矿工，区块链网络的健壮性得到了提升。

在这里，我们列举智能家居这个移动区块链与边缘计算相结合的场景的例子，帮助大家理解上述内容。目前，智能家居能够通过物联网技术将家中的各种设备（音视频设备、照明系统、网络家电、空调控制等）连接到一起，使居住者通过一部手机就能方便地操控家电。然而，智能家电在使用过程中可能会将各种数据上传到智能家电的设备制造商及零售商那里，导致使用者的数据隐私面临很大的挑战。因此，采用基于区块链的物联网边缘计算，可以为该场景提供一个安全透明的数据管理框架。

目前，各界研究区块链与边缘计算相结合的方向之一就是使用区块链赋能边缘计算。这主要研究如何通过区块链的特性，结合密码学和智能合约的访问控制技术，有效地解决边缘计算过程中关于数据隐私的问题。人们使用区块链技术，可以在几十个边缘节点上构建分布式控制系统。由于挖矿过程和在大量节点上数据的复制，区块链技术保证了数据在其生命周期中的准确性、一致性和透明性。此外，区块链技术提供了资源使用的可追溯性保障，可以方便地验证客户端和服务提供者之间的协议。智能合约是一个由事件驱动的、获得多方承认的、能够运行在区块链上且能够根据预设的条件自动处理资产的程序。因此，通过区块链和智能合约，边缘计算中的资源得到了可靠、自动和高效地利用，而且降低了服务提供商的运营成本。此外，作为区块链技术不可分割的一部分，共识机制自带的激励机制被引入边缘计算，能够加速边缘计算在物联网行业的发展。

另一个方向是如何制定边缘计算资源分配方案、搭建区块链挖掘任务中的计算卸载模型。由于区块链技术的密码学特性，区块链用户需要解答一个预先设置的谜题来证明身份，才能向区块链添加新的区块。这将消耗网络中大量的时间和资源，使得区块链不适合在移动设备上运行。针对移动设备用户和边缘云之间的资源分配和定价优化，熊泽辉等人提出了一种基于 Stackelberg 博弈的移动设备经济方法，将挖掘任务卸载到边缘节点上。J. Wang 等人设计了一种基于深度强化学习的资源分配机制，这种机制能够适应不同的移动边缘计算环境，并有效地分配计算资源。

尽管边缘计算与区块链的结合是一件前景非常广阔的事情，但是我们还是要了解，两者的结合存在很多未解决的问题。例如，系统的可伸缩性（可能最终需要组合不同级别的方法）问题，将计算外包的边缘服务所带来的大量安全问题，以及组织通过增加自主机制引发的安全问题等。

2.4.3 小结

以大数据、人工智能等为代表的新一代信息技术正在推动着经济的快速发展。在本节中，首先，我们探讨了边缘计算与大数据、人工智能如何结合来发挥它们各自的优势，以及如何缓解其在各领域的压力。其次，我们阐述了边缘智能的相关内容，作为一个正在起步的研究方向，在不远的将来边缘智能必将发挥重要的作用。最后，我们对边缘计算如何与区块链技术交叉融合发挥更大价值的相关问题进行了简要说明。我们可以看到，边缘计算正在与其他信息技术进行有效融合，发挥越来越大的作用，未来必定有大量的应用场景需要通过边缘计算进行赋能。

2.5　边缘计算与联邦学习

本节将介绍边缘计算与联邦学习如何结合,共同解决传统资源优化方法在边缘计算场景下能力不足,并且难以应对分散的计算集群之间信息孤立的问题。人们可通过构建联邦学习梯度提升树,并结合基于卷积神经网络的强化学习技术,对分散的计算集群进行独立操作,将计算结果汇总到控制中心,从而得到资源的全局优化编排方案,以达到提高资源利用率和计算效率的目的。

2.5.1　联邦学习

联邦学习是近年来人工智能领域研究的重要方向,它可以将训练数据分布在分散的设备上,并通过聚合本地计算的最新结果来建立一个共享模型,同时可在保证节点本地数据隐私性的条件下获得全局最优结果。由于联邦学习的分布性特点与边缘计算的去中心化特点非常相似,近年来学术界已开始出现结合联邦学习的研究工作。例如,Wang 等人针对边缘计算场景下数据传输能力受限的问题,提出使用联邦学习的方法,通过基于梯度下降的机制,在分布式的边缘计算节点间建立机器学习模型。Liu 等人针对中心化机器数据传输量大、延迟高的问题,通过云-边结合的层次化联邦学习方法降低通信开销,提高模型计算速度。Wang 等人将深度强化学习与联邦学习机制、移动边缘计算相结合,以此优化移动边缘计算场景下的缓存和通信性能。

针对边缘网络资源编排效率低、响应速度慢、计算延迟高的问题,联邦学习能够优化边缘计算资源编排效率,将基于卷积神经网络的强化学习作为计算输入,在满足边缘计算集群数据隐私需求的基础上计算局部模型,并通过控制器汇集计算结果,最终打通"数据孤岛",并获得全局资源优化编排策略,以此实现提高边缘计算资源利用率的目标。结合 DNS 的配置调度方法，基于任务特性智能匹配编排动作，人们可以将计算任务定向到最合适的计算集群。在满足网络资源限制的条件下，任务的平均完成时间可以达到最短，从而最大化地完成任务，以此提高边缘计算的计算效率。

虽然无服务化架构提供了灵活的网络配置方法，但边缘计算数据中心的资源通常是受限的，计算资源通常无法满足所有用户的需求。同时，由于边缘计算集群具有位置分散、数据不透明的特点，为了数据隐私、运维管理、商业利益等目的，边缘计算网络通常难以实现全局范围的信息共享。因此，人们需要对资源编排机制进行深入研究，需要在资源和信息受限的条件下，找到计算资源与用户之间的最佳分配方案，使任务平均完成时间最短，同时使任务完成数量最大化，使得网络用户体验达到最优。

联邦学习技术在保障数据交换时的信息安全和数据隐私方面所具有的适应性，使其近几年在分布式的信息单元之间开展高效的机器学习方面展现出较大的优势。人们采用联邦学习方法和基于梯度提升树的联邦学习系统框架，使得每个计算集群只基于本地数据而无须共享全局信息就可以更新模型，同时通过控制器汇聚集群计算结果，并采用基于卷积神经网络的强化学习方法进行迭代学习，最终形成全局优化策略。基于联邦学习的智能资源编排框架如图 2.3 所示。

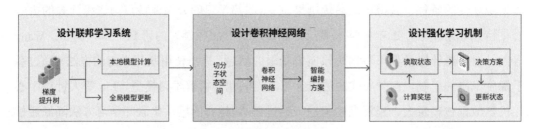

图 2.3　基于联邦学习的智能资源编排框架

人们通常按照以下四个步骤设计联邦学习系统框架。

（1）每个计算集群从控制器下载当前更新过的模型。

（2）每个集群基于本地当前已有的模型，计算一个更新的模型。

（3）每个集群将模型的更新信息在加密条件下发送给控制器。

（4）控制器将所有集群上传的模型更新信息进行集成，更新全局模型。

这四个步骤不断循环，使得联邦学习系统可以不断学习。图 2.4 所示为基于梯度提升树的联邦学习过程。

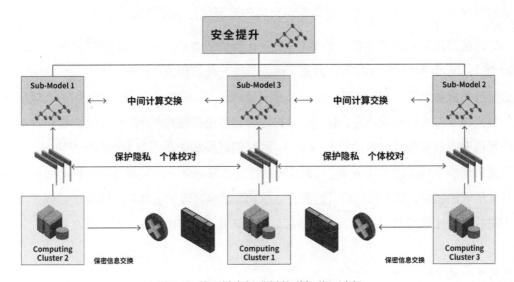

图 2.4　基于梯度提升树的联邦学习过程

联邦学习过程主要是寻找一组在所有集群中都包含公共特征的数据样本，以此建立初始模型。尽管不同集群的数据彼此独立，但边缘计算节点自身具有的一些公共特征，使得我们可以在绝大多数集群的数据中找到一些包含公共特征的数据样本，这些样本可以由它们的唯一标识符进行识别。此时，我们可以根据已有的隐私保护机制对跨集群的数据进行加密，继而选择包含公共特征的数据样本。之后，我们可以据此构建联邦学习梯度提升树。联邦学习系统主要考虑以下三个目标。

（1）每个集群只基于本地数据而无须访问类别标签就可以更新模型。

（2）控制器将各个集群上传的模型信息进行集成、更新。

（3）控制器与各个集群共享更新的模型信息，而无须泄露隐私数据。

2.5.2　联邦学习助力边缘计算

结合边缘计算场景目标清晰、可预测性较强的特点，我们可进一步利用基于卷积神经网络的强化学习机制搭建卷积神经网络，并优化参数配置及强化学习步骤，使得机器学习模型在目标的指导下对网络状态等信息进行自适应训练和试探式的迭代学习，以此适应以前从未出现过的情况，进而获得全局的资源优化编排策略。

传统网络资源管理主要基于手工、最优化算法或者启发式方法，管理复杂且自适应能力差，很难满足边缘计算用户海量、动态与差异化的需求。一些基于人工智能的资源编排虽然能够取得更好的效果，但需要全局资源信息，这对于分散、自组织的边缘计算集群来说常常难以实现。基于联邦学习的边缘网络资源编排机制，由于结合卷积神经网络可以实现计算集群的自动化本地学习，同时通过控制中心汇聚离散的学习数据，它能形成最优的全局资源编排方案。此外，针对边缘计算场景下历史数据覆盖性有限但优化目标清晰的特点，基于强化学习的改进方法，联邦学习可使机器学习模型在目标的指导下进行自适应训练和试探学习，以适应以前从未出现过的情况。

2.5.3　小结

联邦学习分布式的特点使得它天然具有与边缘计算相结合的属性。同时，机器学习以联邦形式分布在边缘计算的节点中，更增强了机器学习的多场景适用性。本节以实际系统的形式带大家了解了联邦学习与边缘计算相结合的发展情况，并具体分析了联邦学习如何助力边缘计算。希望大家见微知著，以此为契机，更加深入地了解边缘计算和联邦学习拥有的巨大应用价值。

2.6　5G 与边缘计算中的关键技术

前面几节介绍了边缘计算的概念、特点及应用领域,特别是将边缘计算与云计算进行了对比。在很多应用领域,边缘计算相比于云计算更能发挥特有的优势。那么,究竟哪些核心技术构成了边缘计算的技术栈呢?本节将为大家讲述边缘计算背后的知识。

近年来,容器化、微服务、K8s、Serverless、SD-WAN、FDN 等技术的出现,为 5G 和边缘计算的发展提供了新的技术支持,有效解决了 5G 和边缘计算资源调度、数据处理、节省计算资源等问题,并促进应用更好地落地。

这些新兴技术之间存在着一定的关联性,图 2.5 清晰地展示了它们之间的关系。例如,微服务可以运用容器化技术来运行。当系统中存在多个容器时,可能会出现混乱的现象,而此时 K8s 就能较好地发挥容器编排的作用。Serverless 则包含 FaaS(函数即服务)和 BaaS(后台即服务),其中,FaaS 侧重于实现函数的业务逻辑,而 BaaS 侧重于计算资源存储,后者集成了许多中间件技术,使得系统可以无视环境调用服务。FaaS+BaaS 可以构成一个完整的 Serverless。容器化、微服务、K8s、Serverless 可以组成一个边缘集群,而多个边缘集群可以构成一个 SD-WAN。FDN 则是可以调度 SD-WAN 中各个集群资源的调度系统。

介绍完这些新兴技术之间的关系,我们将对各种技术进行详细的介绍。请大家做好准备,下面开始知识密集的技术之旅!

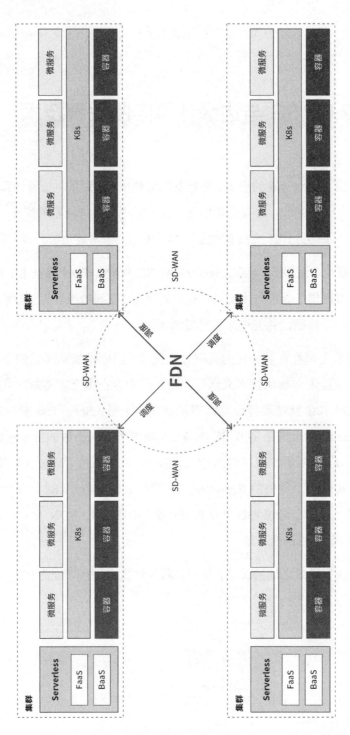

图 2.5　新兴技术关系图

2.6.1　容器化技术

容器化技术是近两年热门的话题。容器化技术在开发与运维方面给人们带来许多便利，并节省了大量成本。聊到容器化技术，首先要好好说说它出现的背景。

以前，如果开发者想要开发和部署一个应用，他首先需要购买一个物理服务器，然后配置软件的各种运行环境、辅助工具，而且一台物理服务器只能部署一个应用。其中，最大的问题是，由于运行环境部署的复杂性，人们很难保证软件开发测试和运行维护阶段的应用运行在同一环境下。而且，每次应用软件的迁移和扩展都需要重复之前的部署过程，使得软件开发周期长且成本高昂。随着技术的不断发展，虚拟化技术的出现解决了部分问题。虚拟化技术在本地操作系统上多加了中间软件层 Hypervisor，以此来虚拟化硬件资源，后来逐渐演变成现在的虚拟机。随着计算需求的不断增加，虚拟机的数量也逐渐增多。开发与运维环境都较为复杂，容易导致开发环境和线上环境存在较大差异，使得开发很难实现良好的桥接，并容易出现环境不兼容的问题，而容器化技术可以解决这种环境不兼容的问题。

容器化技术是一种内核轻量级的操作系统层虚拟技术，其技术原理如图 2.6 所示。它可以为系统管理员提供极大的灵活性。容器可以将应用和开发环境都打包带走，打包好的容器可以在任意环境下运行。大家可以直接理解为像集装箱运载一样。如果我们想把一吨水果从深圳码头运送到上海码头，只需要将水果打包放到统一的集装箱内，然后把货物规整地摆放到货轮上，在水果到达目的港口后，直接卸货就可以了。目前，热门的开源容器 Docker 就像集装箱，而云计算就像运货的轮船。

同时，容器化技术因具有极其轻量、可秒级部署、易于移植、弹性伸缩的特点，可以帮助人们解决 PaaS 层性能和资源使用效率的问题。在 5G 基础设施的构建过程中，由于电信标准对网络功能、协议接口、系统稳定都有明确规定，网络的灵活性和可迭代性都受到制约，运营商需要通过微服务架构来解耦原本的单体网元架构，并利用解耦后的多个微服务对软件进行独立部署、升级和扩展，以此实现业务的快速迭代和创新。相比于传统的虚拟化技术，容器化技术具有更加轻量级、自包含和无状态应用的特点，更符合以微服务架构设计的分布式系统，从而可以帮助运营商搭建 NFV 云化平台，最终实现 5G 核心网络按需调用和灵活可编排的目的。在边缘计算的平台搭建中，容器化技术逐渐成为底层的技术栈。它可以承载更多的计算服务，并支持大规模批量地更新和升级应用，以此实现多维智能调度资源。它还可与人工智能技术相结合，拓展边缘智能，从而更好地满足边缘侧日益增长的应用需求。

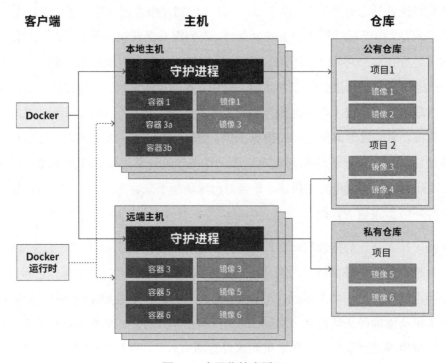

图 2.6 容器化技术原理

2.6.2 微服务

微服务是一个在软件架构领域被津津乐道的新概念。近年来，已有不少软件项目开始尝试使用微服务架构，试图解决以往架构扩展性差、可靠性低、维护成本高等问题。微服务架构是由著名的开发专家马丁·福勒在 2014 年提出的一种全新的软件开发设计模式，其本质是一种更优的分工合作机制。它从单体系统转变为由大量微服务组成的分布式集群系统，以此将单一应用程序分成多组独立运行在部署单元中的小服务。其中，每个微服务之间采用轻量级的通信机制进行沟通协调，且每个微服务都围绕具体业务进行构建，并可独立部署在生产环境中。微服务配合 Terraform、Ansible、Packer 等 DevOps 工具，可快速实现开发和部署，节省软件的开发运维成本。相比于传统的单体架构，微服务架构具有单一业务功能、独立部署运行、轻量级通信机制、轻耦合、跨语言编程等优点。在微服务架构中，API 网关是用户调用服务的统一入口，如图 2.7 所示。微服务可以根据用户的属性设置不同的访问网关，还可以将不同服务产生的计算结果合并后统一输出，从而实现跨语言和跨平台的云数据转换、流量计费、数据防篡改等功能。

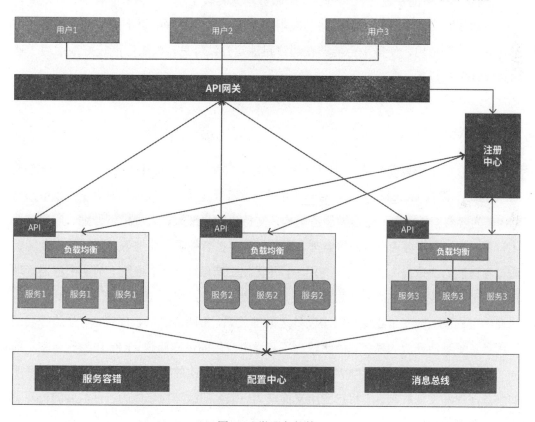

图 2.7　微服务架构

虽然我们一直在强调微服务的优点，但并非所有的项目都适合使用微服务。微服务可以根据用户业务功能的独立性来划分，但如果系统提供的是底层的业务，那么系统之间会拥有紧密的配合关系，若强行把系统拆分成较小的服务单元则会增加架构的集成工作，反而得不偿失，无法带来业务上的真正隔离，这种情况就不适合采用微服务架构。因此，项目是否选择采用微服务架构取决于业务类型。

在 5G 技术的发展过程中，微服务架构可以将紧耦合的单体结构拆分为松耦合的多个微服务单元，这些被拆分的微服务单元可以被独立部署、扩展与升级，从而帮助 5G 网络实现业务的快速迭代和创新。微服务单元相较于单一、整体的程序，可以从容地简化边缘扩展能力，尤其是在移动应用场景下，它可以占用更小的空间，从而减少对计算资源的使用，使得平台能够在边缘迅速运行。可见，微服务能较好地适用于移动边缘计算的场景。

2.6.3　K8s

前文介绍了容器化技术，而 K8s 就是基于容器的集群管理平台。K8s 的全称是 Kubernetes，源自 Google，是 Google 的第三个容器管理系统（前两个为 Borg、Omega）。K8s 作为容器编排引擎，适合微服务架构，支持自动化部署、大规模可伸缩、应用容器化管理，并提供资源调度、部署管理、服务发现、扩容缩容、监控等功能，使企业能够通过容错能力快速提高硬件资源利用率，并优化生产运行计划。相较于前两个容器管理系统，K8s 更开源，其完善的集群管理能力为边缘计算的应用部署提供了高度的便利性。这在一定程度上转变了边缘应用与硬件之间的关系，将两者的耦合度降低，让边缘层的应用具备更灵活开放的模式，由此解决了云原生应用的供应问题。K8s 作为一个完备的分布式系统支撑平台，具有强大的集群管理能力、多层次的安全防护和准入机制、透明的服务注册和发现机制、多租户应用支撑能力、强大的故障检修能力、可扩展的资源调度机制及多粒度资源配额管理能力等特点，其原理如图 2.8 所示。

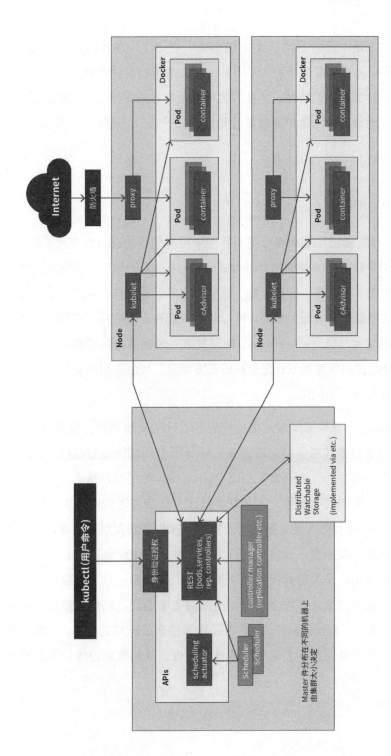

图 2.8 K8s 原理图

现在，大家是不是感受到了 K8s 的强大？在 5G 网络和边缘计算的发展应用中，K8s 起到了不可忽视的促进作用。依托 K8s 强大的容器编排和调度能力，我们可以实现边缘计算与云计算的云边协同、计算下沉与海量设备的平滑接入。K8s 还可以帮助运营商轻松且安全地设计、构建和管理多云和混合云平台，以此缓解 5G 时代海量数据处理的压力。

2.6.4　Serverless

近几年，开发者已经逐渐将应用和环境中很多通用的部分转化成了服务，以提供服务的形式为用户带来更为便捷的处理方式。Serverless 的出现，则将应用的全部组件都外包出去。它把主机管理、资源分配、系统扩容等组件看作商品，以提供服务的形式出售给用户。这样做的最大好处就是，可以减少我们在开发应用时烦琐复杂的流程，为我们节省大量的时间与精力。Serverless 由开发者实现的服务端逻辑构成，运行在无状态的计算容器中。它由事件触发，完全被第三方管理，其业务层面的状态则被开发者使用的数据库和存储资源所记录。

Serverless 是一种基于微服务架构构建和管理的完整流程，其原理如图 2.9 所示。它基于传统容器技术和服务网络对传统云计算平台的功能进行延伸，具备真正意义上的高度扩容性与弹性。与传统架构相比，Serverless 无须涉及基础设施的建设，便可实现自动构建、部署和启动服务，让开发者仅须专注业务逻辑即可快速实现迭代与软件开发。Serverless 技术可以最大限度利用资源，以此降低大规模集群运营成本，并缩短开发周期和降低开发难度，这使得它成为 5G 时代应用快速构建的不二选择，因为它既为企业节省成本，又帮助开发者解决了技术上的难题。对于边缘计算来说，它需要将计算能力下沉到终端，更靠近用户，由此对去中心化、轻量虚拟化、细粒度计算等技术需求愈发强烈。Serverless 的出现为云计算带来了跨越式变革，实现了细粒度的计算资源分配，具备真正意义上的高度扩容与弹性，从而帮助边缘计算更好地进行计算能力的扩展。

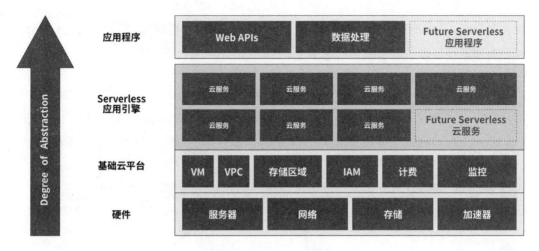

图 2.9　Serverless 原理图

2.6.5　SD-WAN

SD-WAN 近年来一直出现在人们的视野中，被众多通信设备商和运营商一致看好，被誉为下一代创业风口。关于 SD-WAN，经常接触 IT 和通信的人们应该有所了解。SDN/NFV 是 5G 网络的显著特性，而 SD-WAN 则是 SDN 里面一个重要分支，即广域软件定义网络。它是通过将 SDN 技术应用到广域网场景中所形成的一种服务。这种服务用于连接广阔地理范围的企业网络、数据中心、互联网应用及云服务，如图 2.10 所示。SD-WAN 将网络控制能力通过软件方式"云化"，缩短组网周期，以此帮助用户降低广域网的开支、提高网络连接的灵活性。同时，SD-WAN 还能通过跨所有分支和特定路径实施网络防火墙策略，以此提升网络安全性。

为了更好地理解 SD-WAN，我们通过一个例子来介绍采用 SD-WAN 将会给人们带来什么样的改变。近几年，远程视频会议得到广泛推广与使用，但是视频会议对网络质量的要求通常较高。人们通过 SD-WAN 技术可以把视频质量的优先级和服务质量设得高一些，而文字和语音聊天可以降低一些优先级，并让它们使用 LTE 类的网络连接。通过这样的方法可以降低用户对 MPLS 专线的依赖度，并将普通的光纤宽带和通信网络派上用场，从而提高带宽的利用率和有效降低流量成本。据测算，通过利用 SD-WAN，用户每年至少可以节省 30% 的带宽成本。

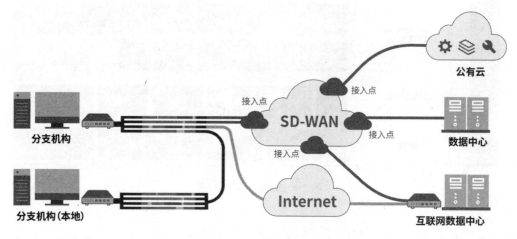

图 2.10　SD-WAN 原理图

在 5G 的应用场景中，SD-WAN 可以更灵活、更有效地分配网络服务，以满足用户不同的服务质量需求，并形成网络切片。同时，它还可以实现端到端的数据加密，降低网络延迟并提高安全保护，从而实现软件定义的端、边、云、网融合。目前，国内运营商已经在很多地方进行 SD-WAN 的试点，它们基于自身现有的基础设施和硬件资源优势提供基于 SD-WAN 的网络增值服务。关于 SD-WAN 的未来，我们充满期待。

2.6.6　FDN

本节主要介绍一个新概念——FDN（Function Delivery Network），即功能分发网络。在介绍 FDN 之前，我们先聊聊 CDN。近年来，直播、视频、游戏等应用的发展，极大地提高了互联网应用对流量和带宽的要求，CDN 行业也由此开始爆发性发展。相关资料显示，2004 年全球 CDN 市场规模仅为 2.1 亿美元，而到了 2018 年全球 CDN 市场规模已增长至 90 亿美元。

CDN 通过在网络各处放置节点服务器，在现有互联网基础上重新构建一层智能虚拟网络，以此尽可能地避开互联网上有可能影响数据传输速度和稳定性的瓶颈和环节，使内容传输更快速、更稳定，从而解决因分布、带宽、服务器性能带来的访问延迟问题，最终提高用户访问网站的响应速度和成功率。

　　FDN 与 CDN 类似，CDN 主要用来分发内容，而 FDN 则用来分发函数与计算能力。FDN 是由深圳清华大学研究院下一代互联网研发中心首创的，是构建在现有网络基础之上的智能边缘计算调度系统，其架构如图 2.11 所示。FDN 具备计算功能分发、计算资源调度、API 接入、自动运维等功能。FDN 基于现有网络设施构建全域覆盖的边缘节点，将人工智能、大数据、物联网等技术延展至网络边缘，服务更多的 5G 新型应用。它开放的 API 接口，可让开发者免去复杂的开发和运维工作。面对 5G 时代广泛连接、海量数据、延迟敏感型应用的需求，FDN 赋予边缘更丰富的功能和更强大的算力，以此提高 5G 时代云、边、端的协同效率，最终提高网络效率。

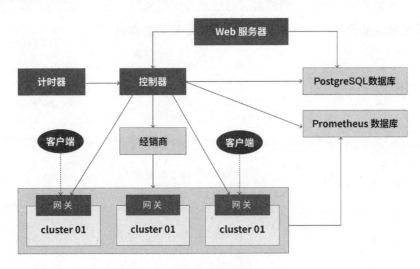

图 2.11　FDN 架构

　　面对 5G 时代涌现的一些新型应用场景，比如 VR/AR、工业互联网、智慧城市等，FDN 为这些新的应用带来了发展契机，并有效解决网络延迟和终端计算能力扩展等问题。在 5G 时代，FDN 有望成为"黑马"。

2.6.7 小结

为了让大家能更简单生动地理解各种技术之间的关系，我们可以用集装箱运输的例子来解释它们之间的关系。我们在前文介绍过，容器化技术就像统一的集装箱，K8s 的作用就是把集装箱按照一定的规则整齐地摆放到货轮上，确保它们按顺序排列并保证货物的完整性，而微服务就像集装箱里面的货物，Serverless 技术则负责给集装箱供应所需环境。容器化、K8s、微服务、Serverless 构成一艘装有货物的轮船，这就像计算机网络环境的集群。多艘轮船构成了一个船队，SD-WAN 则负责在各艘轮船之间搭建高效安全的通信网络，而 FDN 技术就像船队的总指挥，负责各艘轮船的调度，并合理分配资源。当轮船到达目的港口后，FDN 则负责货物的分发，并根据各方需要调度资源。

通过上述集装箱的例子，相信大家已经对这些新兴技术有了一定的了解。在 5G 和边缘计算的发展过程中，这些技术都将发挥举足轻重的作用。

2.7　边缘计算的安全管理和隐私保护

本节很重要，安全管理和隐私保护是人们对技术信任的基石。人们在使用新技术时，难免会担忧它所带来的安全性问题。只有更安全、更注重隐私保护的技术，才会发展得长远。由于边缘计算是一项新技术，人们在享受它所带来的计算便利的同时，也会对信息安全和隐私保护问题有所质疑。有计算的地方就有信息安全和隐私保护，就好像有人的地方就有"江湖"。边缘计算的出现使得信息安全和隐私保护变得更加复杂、更加困难。在本节，我们将重点讨论边缘计算的信息安全和隐私保护问题，带领大家了解边缘计算的信息安全和隐私保护现状，以及相应的应对措施。

2.7.1　边缘计算的信息安全和隐私保护现状

边缘计算是一种新型的计算模式，从层级结构上看，它是介于端计算和云计算之间的一种中间层级计算。我们在前文介绍过，当算力集中在云计算中心时，计算主要发生在云计算中心。这种方式虽然可以集中力量办大事，但是数据传输到云计算中心的代价较大，因此云计算只适合小数据量传输，或者大数据量的偶发传输。另一种情况是端计算，即计算发生在末端算力位置，比如小型服务器、PC 机上，甚至移动设备和 CPU、GPU、ARM、FPGA 等板卡上。这种计算的优势在于数据不用传输很远，在本地就可以及时得到计算响应。但它的不足也很明显，末端算力比较小，所以端计算不适合大型计算。此时，一种兼具两种计算优势的边缘计算出现了。边缘算力在边缘的优势主要体现为算力大而且近，它比末端算力大很多，并且比云计算中心距离数据更近，因此数据不用进行远距离传输。边缘计算是一种大算力的贴身服务。然而，正是这种分布更广的贴身服务给边缘计算带来了不少信息安全和隐私保护问题，如图 2.12 所示。

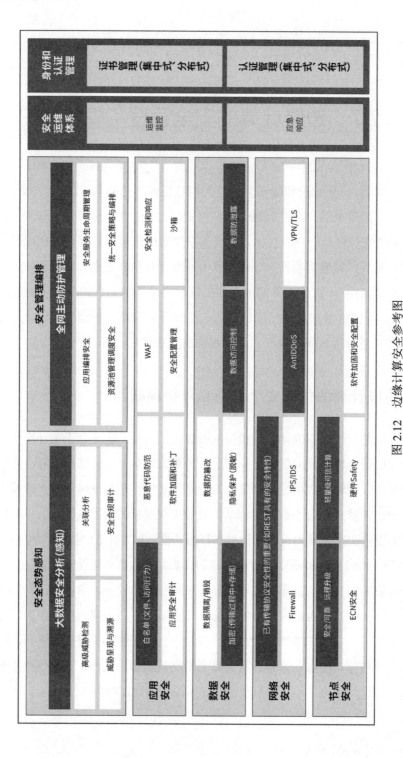

图 2.12 边缘计算安全参考图

这主要体现在物理安全层面、网络安全层面和应用安全层面。

（1）物理安全层面主要包括物理设备的运维和损坏，以及运行环境动力系统的供应等。例如，边缘算力分布面比较广，所处的物理环境复杂，有些边缘算力机房位于地质环境较为复杂的河流、海边、高山，当物理环境发生短期突变时，如地震、台风、泥石流、山体滑坡，人们很难保障边缘算力机房不受影响。又如，有些服务器甚至 PC 机就部署在传感器本地，而这些地方的电力、温湿度、防尘等较难得到有效保障，这就容易造成边缘算力中断或者供应不稳定的现象。物理安全层面还包括轻量可信计算、保障小算力的节点或嵌入式端等安全防护手段，以及底层传感器采集数据的安全等。

（2）网络安全层面主要包括 DDoS 攻击、防火墙技术和边缘流量劫持等。DDoS 攻击的全称是 Distributed Denial of Service Attack，中文名称是分布式拒绝服务攻击，它指攻击方使用大量被劫持的大中小型算力对目标算力进行饱和式请求占用，导致被攻击方对正常的服务请求无法响应，从而达到网络瘫痪、访问中断等目的。DDoS 攻击主要有三种形式：资源消耗型、服务消耗型、反射型。资源消耗型利用简单重复的大量请求消耗网络带宽和协议栈处理资源；服务消耗型针对服务进行消耗，不同于资源消耗型攻击，不需要发送大量请求，而是消耗服务所占用的计算资源，使得算力始终处于服务业务忙碌响应状态；反射型主要是利用小流量进行多次流量反射，制造更多更大的流量发动 Flood 攻击。

防火墙技术是一种网间安全防护技术，依照特定的规则，允许或者限制传输的数据通过。在网络中，防火墙是一种将内部网和公众访问网（如 Internet）分开的方法。实际上，它是一种隔离技术，允许对网络数据包进行管制及对网络权限进行控制，将不同意访问的数据包拒之门外，最大限度地阻止网络中的黑客。防火墙是双向数据包访问限制，同时能有效地防止终端数据通过边缘节点访问上游的骨干网、城域网、核心网。边缘流量劫持主要通过 DNS 劫持、HTTP 重定向劫持、TCP 注入劫持、网络直投等方式进行。DNS 劫持通过修改路由表来实现；HTTP 重定向劫持通过伪造 HTTP 响应信息，劫持 HTTP 传输协议中的敏感数据；TCP 注入劫持通过伪造数据包，将克隆的具有相同源地址的数据包同原数据包一起发送到网络中,使得接收端不能分清哪个数据包是真实的;网络直投可以用各种格式,定点、精准地将数据推送给边缘服务器或终端设备。网络直投通常设置在网关处,或者通过 HTTP 隐性重定向的方式接入直投服务器上,以此来获取信息发送给目标服务器或终端设备。

(3)应用安全层面主要包括数据安全和身份访问控制。数据安全是指数据的存储、访问、增删改查方面的攻击,这对边缘计算尤其重要,因为边缘算力保存了更多的隐私数据,如位置信息、时间信息、传感器数据所包含的设备运行状况及个人用户的生活习惯和消费行为等。这些数据可以通过篡改数据库、伪造访问数据包等方式被修改和复制。身份访问控制是指通过伪装身份的应用获取算力节点的访问权限,从而进行边缘计算节点的恶意操作。例如,攻击者可通过伪装成数据处理功能的应用获得数据的访问权限,从而对数据进行篡改或删除。

2.7.2 边缘计算的信息安全和隐私保护的应对措施

针对上述面临的边缘计算安全问题,常规的云计算安全防御措施已经不能完全适用,需要进行相应的调整。例如,对于抵御 DDoS 攻击,传统的 DDoS 攻击一旦发生再抵御就为时已晚,抵御者在短时间内难以抵御海量的流量攻击。边缘计算场景中的边缘节点资源受限,因此需要边缘计算网络更迅速敏锐地探测攻击,使得威胁处于萌芽阶段就能够被识别,以便人们及早采取防范措施,防止威胁扩大。因此,边缘计算对于安全的要求更高。通常,人们将采取以下措施保障边缘计算网络的安全。

1. 物理安全层面

在物理安全层面,安全保障的主要方法有设备的防毁和信息的防泄露、防截获、防窃听,信息的容灾备份。其中包括加固机房、加固设备、接地保护、电源保护等措施,通过屏蔽法进行电磁信息防泄露、防线路截获,轻量级的加密技术防止窃听,等等。另外,在容灾备份方面,安全措施主要包括避错、纠错、容错和容灾,以及搭建轻量可信的计算架构。

轻量可信计算包括以下几种架构。

第一种是嵌入式处理器内嵌可信分区架构。边缘计算的节点连接着许多末端算力，这些算力通常计算能力有限，但是具备基本的处理器、操作系统及输入输出系统。其中，常用的微处理器是 ARM 架构。ARM 公司为这些处理器设计了内嵌可信分区的 TrustZone 结构，它能够隔离芯片的硬件和软件资源，形成安全子系统分区和普通存储分区，从而保障末端算力具有可信的执行环境。

第二种是便携式 TPM 架构。TPM 指可信赖平台模块，通常用于小型 PC 及具有 x86 架构的小型主机。它通过改造主板中的 BIOS，形成 TPM 可信链路，具有可信根安全存储、各种密钥生成及数字签名验证等功能。经过进一步改进，移动终端也可使用这种架构，形成接下来要介绍的第三种可信安全架构。

第三种是移动终端的可信 TPM 应用架构。移动终端设备借用 PC 平台可信架构，将 TPM 芯片集成到移动终端电路系统中。其中，嵌入式处理器通过把低引脚数（LPC）接口、内部集成电路（I2C）或串行外设接口（SPI）、低速总线接口与 TPM 芯片连接，保持与系统其他组件的连接关系不变。人们通过改造 Bootloader 代码，使其在低速总线通信时可以支持可信操作度量，在此基础上通过 TPM 对移动操作系统中的代码进行可信评估。但是，人们考虑到移动终端在进行信息处理时安全风险更高，特别是在对敏感数据进行存储和访问时，仅依靠 Bootloader 进行安全可信验证不足以满足安全要求，所以将第三种安全架构再次改进，形成了第四种可信安全架构。

第四种是基于 TPM 芯片的高安全可信移动终端计算架构。该架构增强了 TPM 芯片对移动终端电路系统所拥有的绝对控制权及 Bootloader 的身份验证功能，同时能够对 TPM 芯片进行身份认证。该架构对嵌入式处理器的部分功能和接口提出扩展要求，如要求嵌入式处理器具有安全存储区。与上述第三种安全架构相比，该架构显著提升了移动终端可信计算平台的安全可信性能。此外，在移动终端设计之初，该架构已将 TPM 芯片的存储根密钥（SRK）哈希值写入安全存储区，与之配合的 Bootloader 代码具有独立访问权限，这样便形成了 Bootloader 与 TPM 芯片双保险的可信移动终端计算架构。TPM 通过认证通道首先将自身的 SRK 哈希值传给 Bootloader，然后 Bootloader 从安全存储区读回初装的 SRK 哈希值，经比对一致后确认 TPM 芯片身份可信，最后将整个系统的控制权交给 TPM。

2. 网络安全层面

网络安全层面主要包含的技术有防火墙 Anti-DDoS。防火墙也称为防护墙，是由 Gil Shwed 在 1993 年发明的网络防护技术，它是一种位于内部网络与外部网络之间的网络安全系统。防火墙作为信息安全的防护系统，按照预先设定的规则，允许或者限制传输的数据包通行。防火墙能够在内部网络和外部网络之间建立一道屏障，使流转于内部、外部网络之间的数据都要经过防火墙这道筛子，如图 2.13 所示。其中，有些数据包能够通过，有些数据包则不能。这种机制能够有效地减少边缘计算节点的安全区域受到的攻击。我们知道，在边缘计算节点之下，往往部署着一群处理器和传感器。

为了能够保护这些设备的信息安全，防火墙起到在局部小网络与外部大网络之间的信息隔离屏障作用。它保障自己的小网络内部信息不被外部轻易获得，同时保障外部大网络不能任意访问小网络内部或做出一些有危害性的操作。它能最大限度地阻止网络中的黑客访问小网络。换句话说，如果不通过防火墙，小网络的数据就无法访问 Internet；反之，Internet 上的服务器和其他计算节点也无法和内部的小网络进行通信。防火墙如同网络世界的交通警察一样，管理网络高速公路上的通行车辆，确定哪些牌照的数据包可以通行、哪些不能，有时候也分时段进行交通疏导。

防火墙的基本类型包括网络层防火墙、应用层防火墙和数据库防火墙。网络层防火墙是一种 IP 封包过滤器，它能够运行在底层的 TCP/IP 协议堆栈上，用枚举的方式允许符合特定规则的封包通过，其余的一概禁止穿越防火墙。这些规则一般是由人们定义或者由一些内置的固有规则构成的。应用层防火墙在 TCP/IP 堆栈的应用层上运作。例如，浏览器产生的数据流或 App 产生的数据流都属于这一层。应用层防火墙可以拦截进出某应用程序的所有数据包，并且丢弃其他数据包。数据库防火墙是基于数据库协议分析与控制技术的一种数据库安全防护系统，它可以主动防御数据库的访问行为，控制和阻断危险操作或可疑行为。例如，人们可通过数据库协议，根据预定义的禁止和许可策略，让合法的操作通过，同时阻断非法违规操作，禁止数据库注入或补丁数据包的下载和运行，以此形成数据库的外围防御圈，从而实现对危险操作的主动预防。

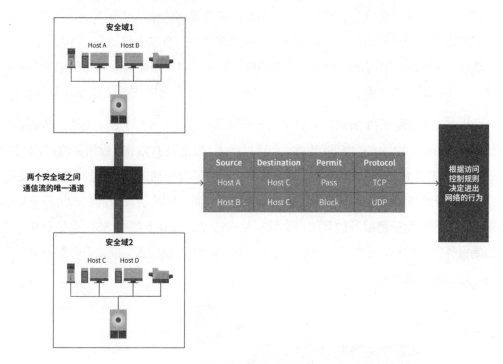

图 2.13　防火墙示意图

防火墙的基本原理主要包括包过滤（Packet Filtering）、应用代理（Application Proxy）、状态检测（Stateful Inspection）、完全内容检测（Compelete Content Inspection）。包过滤通过数据包头中的 IP 地址、端口号、协议类型等标志判断数据包是否能够通过；应用代理根据应用代理程序实现应用层数据的监测；状态检测通过规则表和连接状态表判断是否允许数据包通过；完全内容检测不仅分析数据包头信息、状态信息，还对应用层数据进行内容分析，这是一种综合性防火墙原理，全面防范混合型不安全的访问。

Anti-DDoS 流量清洗（CT-AntiDDoS）通过专业的 DDoS 防护设备来为边缘计算提供精细化的抵御 DDoS 攻击的能力，如 UDP Flood 攻击、SYN Flood 攻击和 CC 攻击等。它能够根据边缘计算的业务特点，配置流量参数阈值和监控攻防状态，并查看每日或每周报告。边缘计算节点在受到异常流量攻击后，它可以将数据流量直接引流到特定的计算节点进行 Anti-DDoS 流量清洗。这些特定的边缘节点承担了流量清洗的主要任务，同时大量丢弃频繁发起的服务请求，将健康流量返回给边缘计算节点。此外，边缘计算节点还会主动形成访问黑洞，限制其访问外部网络。当攻击停止后，再恢复计算节点的功能。这种访问黑洞是一种主动防御策略，如同病毒传播需要隔离污染源和限制传播途径一样，保护节点不会受到二次攻击或变为"肉鸡"来攻击其他边缘计算节点。

DDoS 攻击如图 2.14 所示，主要类型包括网络层攻击、NTP Flood 攻击、传输层攻击、SYN Flood 攻击、ACK Flood 攻击、会话层攻击、SSL 连接攻击、应用层攻击、HTTP Get Flood 攻击和 HTTP Post Flood 攻击。其中，网络层攻击通过大流量拥塞被攻击者的网络带宽，导致被攻击者的业务无法正常响应客户访问；传输层攻击通过占用服务器的连接池资源，达到拒绝服务的目的；会话层攻击通过占用服务器的 SSL 会话资源，达到拒绝服务的目的；应用层攻击通过占用服务器的应用处理资源，极大消耗服务器处理能力，达到拒绝服务的目的。

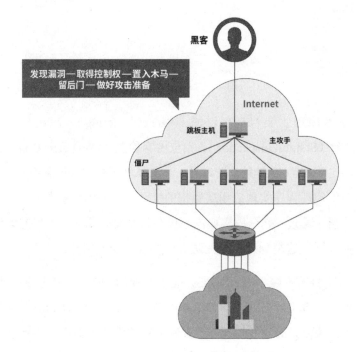

图 2.14　DDoS 攻击示意图

3. 应用安全层面

应用安全层面的防护技术主要包括身份认证、访问控制、入侵检测、安全多方计算等。

身份认证主要包括密码认证、物理介质认证、生物特征认证。密码认证包括静态密码和动态密码。静态密码由于比较固定，容易被监听，所以目前较少使用。动态密码具有动态更新的特性，即使被监听到一两次，依然能够保障系统的安全性。但是，由于动态密码采用一次一密的方法，如果边缘服务器与用户不能对它保持同步，就可能发生合法访问无法登录的情况。物理介质认证通常采用内置 IC 卡芯片的装置或者 USB Key 的形式进行认证。通常，人们可在物理介质中保存用户信息、用户密钥及数字证书，并通过 IC 卡芯片进行存储或 USB Key 专用芯片进行数据的读写认证。生物特征认证主要通过稳定性比较强的生物特征，如指纹、虹膜、静脉血管分布、声纹等进行可靠的、仿冒难度比较大的认证。这种安全认证方式比较精准，但是技术成熟度不是很高，需要进行专门的软硬件研发，通常用于安全等级较高的应用。

访问控制可通过某种途径准许或者限制访问能力，从而对关键资源的访问进行控制，以此防止非法用户的侵入或者合法用户的不慎操作所造成的破坏。访问控制伴随着计算机网络的发展逐渐走向成熟，其中常用的技术包括自主访问控制（Discretionary Access Control，DAC）、强制访问控制（Mandatory Access Control，MAC）、基于角色的访问控制（Role Based Access Control，RBAC）、基于任务的访问控制（Task Based Access Control，TBAC）等。

自主访问控制又称为随意（或任选）访问控制，是在确认主体身份及所属组的基础上，根据访问者的身份和授权决定访问模式，并对访问进行限定的一种控制策略。自主访问控制允许对客体拥有控制权的主体指定其他主体拥有对该客体的访问权限。

强制访问控制依据主体和客体的安全级别来决定主体是否拥有对客体的访问权。强制访问控制本质上是基于规则的访问控制。系统中的每个进程、每个文件、每个 IPC 客体（消息队列、信号量集合和共享存储区）都被赋予了相应的安全属性。这些安全属性是不能改变的，它们由管理部门（如安全管理员）或操作系统自动地按照严格的规则来设置，而不像自主访问控制那样允许用户或用户的程序直接或间接地修改。

基于角色的访问控制通过引入角色的概念，把对客体对象的访问权限授予角色而不是直接授予用户，并为用户分配角色。用户通过角色获得访问权限。基于角色的访问控制模型通过将权限与角色相关联，极大地简化了权限的管理。

基于任务的访问控制从企业的工作流处理角度来解决安全问题。当数据在工作流中流动时，执行相关任务操作的用户在改变，用户的权限也在改变，这些变化都与数据处理的环境相关。因此，基于任务的访问控制的目的是从任务的角度来建立安全模型和实现安全机制，在任务处理过程中进行动态实时的安全管理。

入侵检测是防火墙技术的合理补充，它极大地扩展了应用层面的安全管理能力。入侵检测能够通过边缘计算系统中的关键节点，如中心节点和主力边缘节点等收集和分析信息，同时监测网络中是否存在违反安全策略的行为和遭到袭击的迹象。入侵检测被认为是防火墙之后的第二道安全闸门，它能在不影响网络性能的情况下对网络进行监测，从而提供对内部攻击、外部攻击和误操作的实时保护。

入侵检测的主要类型包括节点的检测、传输网络的检测、操作系统内核的检测。

（1）节点的检测。这类检测通常通过主机系统的日志和管理员的设置来进行检测。系统的日志记录了进入系统的 ID、时间及行为等信息，这些信息可通过打印机打印出来，以便进一步分析。管理员的设置包括用户权限、工作组、所使用的权限等。如果这些信息与管理员的设置有不同之处，说明系统有可能被入侵。

（2）传输网络的检测。网络入侵者通常利用网络的漏洞进入系统。例如，TCP/IP 协议的三次握手可能会给入侵者提供入侵系统的途径。任何一个网络适配器都具有收听其他数据包的功能。它首先检查每个数据包的目的地址，只要符合本机地址的包就向上一层传输。这样，人们通过对适配器进行适当的配置就可以捕获同一个子网上的所有数据包。因此，人们通常将入侵检测系统放置在网关或防火墙后，用来捕获所有进出的数据包，以此实现对所有数据包的监视。

（3）操作系统内核的检测。基于操作系统内核的检测是从操作系统的内核收集数据，并将此作为检测入侵或异常行为的依据。这种检测策略的特点是，它具有良好的检测效率和数据源的可信度。这种检测要求操作系统具有开放性和原码公开性，主要是针对与原码一致的 Linux 操作系统的开发工作。

安全多方计算是为解决互不信任的参与方之间保护隐私的协同计算问题而设计的。它既要保护参与者的隐私，又要参与者协同进行工作；它既要确保输入的独立性、计算的正确性，又不能向参与计算的其他成员泄露各输入值。该技术能很好地解决在无可信第三方的情况下，如何安全地计算一个约定函数的问题。

安全多方计算的主要特点包括输入隐私性、计算正确性和去中心化。首先，输入隐私性。安全多方计算研究的是，各参与方在协作计算时如何对各方隐私数据进行保护，重点关注各参与方之间的隐私安全性问题，即在安全多方计算过程中必须保证各方私密输入独立，并且在计算时不泄露任何本地数据。其次，计算正确性。各参与方就某一约定完成计算任务。各参与方通过约定 MPC 协议进行协同计算，计算结束后，各方得到正确的数据反馈。最后，去中心化。传统的分布式计算由中心节点协调各用户的计算进程，收集各用户的输入信息；而在安全多方计算中，各参与方地位平等，不存在任何有特权的参与方或第三方，以此形成一种去中心化的计算模式。

2.7.3　小结

本节带领大家探索了边缘计算的安全问题。总体来看，边缘计算在应用于产业的过程中，不仅要面临与云计算相似的传统安全威胁，由于其更靠近传感端，还要面临一些特殊的安全威胁，这主要体现在物理安全层面、网络安全层面、应用安全层面。本节还给大家介绍了一些围绕这三个层面的具体应对措施。众所周知，安全管理和隐私保护问题始终伴随着互联网和云计算的发展，边缘计算作为一种新型的计算模式，也一直饱受安全和隐私的困扰。因此，它的安全问题必将越来越受到大家的重视。

2.8　边缘计算的优势、机遇及面临的挑战

边缘计算作为一种新兴的计算模式，虽然可以看成是云计算向边缘端的延伸和渗透，但是由于其天生为边缘而生，所以具有不同于云计算的特殊优势，边缘计算产业也成为继云计算产业之后的新兴产业。下面，我们将带领大家一起探讨边缘计算的优势、机遇及面临的挑战。

2.8.1　边缘计算的优势

随着 5G 网络的发展，海量的终端将接入网络，就如前文所介绍的那样，传统的集中云计算方式将无法应对这些终端收集的数据。边缘计算作为云计算的延伸与补充，能有效弥补云计算的不足。接下来，我们详细介绍边缘计算的优势。

（1）更实时的计算。边缘计算之所以能成为继云计算之后的发展方向，得益于它能实现高保真的数据和实时可靠的决策。此后，终端边缘设备上所产生的数据无须再往返于各个云计算中心，而是可以依靠边缘侧先进的人工智能分析技术和机器学习能力在边缘侧被实时计算和分析，进而缩短由网络传输造成的网络延迟，从而为决策提供实时准确的科学支持。对于大多数公司而言，速度是它们最关心的因素，尤其是利用交易算法的金融公司，它们高度依赖算法的快速计算，而过长的延迟可能会造成判断和操作失误，导致大量的资金损失。同时，对于一些延迟敏感型行业场景，网络延迟的要求会更高。例如，在远程医疗场景下，医生通过远程操作进行手术，几毫秒就可能影响病人的生命。而边缘计算提供实时快速的计算，可以极大降低网络延迟带来的事故风险。此外，将 5G 和边缘计算相结合，能更有效地保证实时性。

（2）更低的运营成本。近年来，信息技术的迅速发展不断提升生产技术智能化的水平，同时产生了大量的数据。以前，计算都是在云端进行，这意味着网络需要先将数据传输至云计算中心，再将处理后的结果返回用户。在这个传输过程中，由于数据量巨大，将会产生大量的带宽传输成本。边缘计算通过在边缘侧就近处理产生的数据，可以大量减少上传到云计算中心的数据量，从而极大节省传输成本。同时，海量数据的存储与管理会耗费大量的成本，而利用边缘计算技术将数据存储到边缘节点，企业的数据管理解决方案的花费将远低于云和数据中心网络上的花费，从而降低运营成本。

（3）更高的安全性。在万物互联时代，数据安全一直是很关键的问题。在以往云计算模式下，大多数的数据都存储在应用的数据中心，而不是存储在网络云端，以免造成数据的丢失与隐私的泄露。因为传统的集中式云计算架构容易受到 DDoS 攻击和断电等影响，人们需要防止此类事件影响数据的上传与存储。而边缘计算的分布式特性更容易实现安全协议，人们可以在不完全关闭整个网络的环境下，封锁部分受损的数据。边缘计算使用户可以将隐私数据存储在边缘设备上，不用上传到云端，从而有效降低数据泄露的风险，进而极大提高数据的安全性。

（4）更强的可扩展性。随着应用需求的不断增加，人们对终端设备功能的扩展需求更强烈、更迫切。以前，终端设备的功能扩展需要通过更换设备来实现，并且其 IT 基础架构的扩展成本十分昂贵，人们还需要新的空间来安放新设备。因此，以前扩展数据中心往往困难重重。如今，人们通过边缘计算可以有效解决扩展问题，轻松实现功能的扩展。首先我们可以购买具有足够算力的设备来扩展边缘网络，然后将边缘计算和托管服务相结合来实现边缘计算网络的扩展，而无须像以前那样花费大量的资金购买新的设备，从而节省大量的运营成本并实现更强的扩展性。

（5）更高的可靠性。边缘计算与云计算相比，更靠近用户的边缘，具有比云计算更高的可靠性。以前，当云计算中心的网络状态不稳定的时候，容易导致数据丢失等问题。然而，边缘数据中心和终端设备都靠近用户的边缘，这可以避免由网络中断造成的损失，因此具有更高的可靠性。此外，传统的数据中心对网络带宽有一定的限制，这会影响数据量的传输，而边缘计算通过在靠近用户的边缘处理部分数据，可以减少上传到云端的数据量，从而降低带宽的限制。

2.8.2　边缘计算的机遇

我们刚刚聊了边缘计算的优势，从中可以看出边缘计算在万物互联时代具有非常大的潜力与发展机遇，因此它将成为 ICT 产业继云计算之后的下一个技术风口。其实，边缘计算的出现有一定的必然性和必要性。

例如，在车联网领域，车辆运行每秒产生的数据量可达 1GB，如果继续采用传统的云计算来支持车联网的运算，将会造成大量的网络延迟，甚至出现致命的威胁。因此，边缘计算的出现对于车联网而言无疑是一个突破。

目前，数据量的产生以超过我们预期的速度激增，数据的结构类型也越来越复杂，海量的数据亟须更为敏捷有效的处理方式来应对。边缘计算技术的突破意味着许多控制与处理可以交由本地设备实现，数据无须再交由云端统一进行处理，这将大大提高数据处理的效率，缓解云端计算的压力。

边缘计算除了应用于车联网领域，还可以应用于更多的场景。例如，在工业互联网平台构建中，边缘计算可以降低数据传输的压力，实现实时计算处理、优化决策等重要功能。在全行业数字化转型的浪潮中，边缘计算将更有力地推动企业转型升级，并助力工业软件平台向智慧化、数据化的工业平台迁移，从而形成新的竞争优势。除此之外，边缘计算还具有另一重价值。它可以将每个本地的组件整合成一个更为复杂的完整个体，从而打造一个具备综合性和整体性的系统。这些都是边缘计算近些年不断"蹿红"的原因。

从未来的发展趋势来看，5G、物联网、工业互联网的发展，将促使边缘计算模式与传统云计算模式协作互补，形成"云-网-端"一体化发展格局。同时，海量终端将不断促进人工智能、机器学习等技术的迅速发展，促使边缘的终端设备具备更多的可能性。

边缘计算平台的开放性、兼容性、安全性、通用性等问题，也是未来需要着重解决的问题，这势必为更多产业带来发展机遇。

2.8.3　边缘计算面临的挑战

边缘计算虽然在消费物联网、人工智能、工业互联网等领域被寄予厚望，但人们要打造完整的边缘计算产业生态仍需要经过长期的努力。现阶段的边缘计算技术虽然取得了阶段性突破，但仍然面临着以下诸多挑战。

（1）服务管理。边缘计算与云计算服务管理不同，需要考虑多方面的问题。以前，云计算主要提供的是统一、集中的服务，用户不需要关心云端服务内部结构和管理问题，只需要根据云厂商提供的接口接入并付费就可以使用云端的计算资源。而边缘计算服务由于靠近用户的边缘，所处的环境更为复杂，因此边缘计算服务管理也更为复杂，需要面对以下问题。

一是海量异构网络模型。在边缘计算的架构中，各个边缘节点的网络环境和基础设施等条件存在明显的异构性，这使得边缘计算技术在落地上存在一定的挑战。虽然通过引入虚拟化技术也许可以解决这个问题，但虚拟化技术的实现需要一定的条件。它不仅要做到对程序最小化运行环境的约束，还要能满足边缘计算资源最大化运行环境的约束。在这样的前提下，处理好海量异构的网络模型是发展边缘计算技术亟须解决的问题。

二是移动性问题。边缘计算主要通过广泛分布的边缘节点来支持应用的移动性。用户的移动会造成服务节点的切换，这会导致节点与服务器之间大量的数据交换，占用大量的带宽资源，因此，在移动带宽资源有限的情况下，频繁切换服务节点的做法并不可取。在边缘计算的发展过程中，应用的移动管理也是重大挑战之一。

（2）计算资源管理。计算资源作为边缘计算重要的组成部分，其管理问题也是关键性问题。传统的云计算主要将计算资源上传到云计算中心，统一进行调度与分配，管理较为简单方便；而边缘计算的计算资源分散在广泛的边缘节点上，被不同的系统进行管理与控制，因此无法将目前云计算使用的计算资源管理系统应用到边缘计算中。同时，边缘节点较为分散且计算能力与网络状态各不相同,实现计算资源的利用率最大化和延迟最小化之间的平衡，依旧是一个巨大的挑战。

（3）数据隐私及安全。相较于云计算，边缘计算可以在网络的边缘完成一部分数据的处理工作，从而避免了用户隐私数据在传输至云计算中心过程中的泄露和被窃取风险。但是，边缘计算在网络中接入了大量的终端设备，这会带来新的风险。物联网采集的终端数据可能包含一些用户敏感隐私的数据，再加上大多数家庭无线网络的安全系统较为简单，使得它们可能会被轻易地破解，从而造成用户隐私数据的泄露。因此，在边缘侧保护好用户的数据隐私安全，是边缘计算发展不可忽视的挑战，也是其亟须解决的重要问题。

2.8.4　小结

本节为大家介绍了边缘计算的优势、机遇及面临的挑战。通过这些介绍，大家应该对边缘计算有了一定的了解。边缘计算作为一种新的计算模式，在很多应用领域都具有巨大的潜力。伴随着 5G 网络的快速发展，边缘计算将迎来新的发展浪潮，因此会成为"发家致富"的好风口。在边缘计算的发展过程中，虽然它仍然要面对一些挑战与困难，但我们相信随着信息技术的不断发展，这些问题将会得到解决。在万物互联时代，边缘计算的广泛应用也证明边缘计算未来的发展值得期待。

另外，边缘计算作为如今非常"火"的新兴产业，拥有众多的应用场景。但由于边缘计算需要横跨多个行业和技术领域，因此各方只有通力合作才能更好地促进边缘计算在各领域的应用，共同构建完整开放的产业生态。

第3章

市场与应用

3.1　5G 与边缘计算的应用

新技术的发展不断驱动社会和行业的变革。1G 实现模拟语音通信，摆脱了电话线的束缚，让随时随地通话成为可能。只能打电话的"砖头大哥大"是 1G 时代的标志性产物。2G 实现了数字调制，迈出了通信数字化进程的第一步。短信、彩信、彩铃成为 2G 时代的潮流，数据由此开始萌生。3G 的出现实现了网速和容量的突飞猛进，让过去只能在电脑上提供的服务开始在手机上出现。智能手机、移动互联网开始飞速发展，促使数据爆发性增长。4G 进一步提升了通信速度和降低了流量资费，高速的通信网络让人们看电影、打游戏等习惯从电脑端开始向移动端转移，移动支付、短视频等新型应用开始逐渐改变人们的生活习惯。物联网、大数据等技术的出现标志着 4G 时代数据开始得到发展和应用。

5G 作为第五代移动通信技术，具有大带宽、高速度、低延迟的特点，网络速度可超过千兆，并支持海量的设备连接。简单来说，5G 是提供速度更快、容量更大、效率更高的网络。对于终端设备来说，通信天线长度取决于网络的波长，波长越大越需要更长的天线。5G 毫米级的波长可使终端设备天线更短、更集中，使通信效率大大提升。5G 的出现将突破传统人与人、人与设备的通信，连接世界万物，利用信息和数据驱动变革，创造价值。网络通信状态已然发生翻天覆地的变化，如图 3.1 所示。

图 3.1　网络通信状态的变化

国际电信联盟的无线电通信部（ITU-R）定义了 5G 时代应用的三大特征：增强型移动宽带，如 VR、AR、在线游戏等对带宽要求高的应用；高可靠、低时延通信，如车联网、智慧能源、智慧消防等对网络延迟要求高的应用；海量大规模连接物联网，如智慧交通、智慧园区、智慧工厂等具有海量设备连接的应用。5G 新型应用伴随着海量设备的接入，将有更多的数据从边缘向中心流动，这对主干承载网络传输速度和数据处理能力提出了更高的要求，传统云数据中心成为瓶颈，限制了 5G 的发展和应用。

随着芯片技术的发展，虽然终端设备计算能力的提升可实现对部分应用场景的支撑，但终端设备有限的算力依然存在一定的局限性。在网络传输侧，人们需要对网络架构进行革新。边缘计算将网络、计算、存储、应用等能力部署在物理上靠近数据源头的网络边缘侧，以此提供服务的特性使得边缘计算成为 5G 时代的必然选择。

举个通俗易懂的例子，餐厅用玉米粒做成的美食就像 5G 时代的各种应用。刚从地里收割的玉米如同应用场景前端采集的原始数据，玉米粒如同应用所需要的有效数据。有效数据需要从原始数据中提取，去除"玉米棒芯""玉米苞叶"等大量无用数据。云计算就像用大货车从全国各地把刚从地里收割的玉米直接通过高速公路运往大型工厂进行集中剥粒；边缘计算则是先在玉米地附近的小型工厂直接进行剥粒，将剥下来的玉米粒再通过高速公路运输。可见，对于相同体量的数据，边缘计算的处理速度和传输效率要远远大于云计算。

为了让大家更好地理解 5G 与边缘计算的结合能带来的创新和变革，根据对带宽和延迟的不同需求，我们选取图 3.2 所示的八大应用场景进行详细分析。

图 3.2　不同应用场景对带宽和延迟的需求

3.1.1　VR/AR

VR/AR 利用传感器技术和计算机技术仿真模拟外界环境，给用户提供多维度、多角度、多信息的交互式仿真体验，由此颠覆了人与计算机传统的交互方式，给娱乐、零售、医学、教育等行业带来了全新变革。

VR/AR 数据量巨大，对传输带宽要求极高。普通宽带上网峰值在 20～30Mbps 即可保证良好的体验，高清视频的带宽要求在 30～100Mbps。而对于 VR/AR 来说，保证用户良好的体验需要超过 1G 的带宽保证。如果把普通宽带上网的带宽需求比作自来水龙头，高清视频是黄果树瀑布的话，那么 VR/AR 就是伊瓜苏瀑布。在提出高带宽需求的同时，VR/AR 对视频数据的渲染和处理也需要大量的计算和存储资源。如果在本地搭建计算资源，那么厂商前期的投资成本就很巨大，不利于 VR/AR 业务的广泛应用。如果将计算任务转移至中心云端，则会造成一定的网络延迟，并造成卡顿，从而影响用户体验。

5G 网络 10Gbps 以上的传输速度与边缘计算 5ms 之内的网络延迟可满足 VR/AR 行业的需求。随着 5G 进程的加速和边缘计算等新技术的成熟，VR/AR 迎来了新的发展机遇。ABI Research 预估，2025 年 VR/AR 市场规模预计将达到 2920 亿美元，其中 VR 市场规模约为 1410 亿美元，AR 市场规模约为 1510 亿美元。可见，VR/AR 在未来将有巨大的发展空间。

3.1.2　车联网

随着新能源汽车的发展速度加快，传统汽车行业正在逐渐被颠覆，车联网成为全球车企、运营商、云厂商竞相布局的领域。车联网突破了以往人与车只能在车内进行简单交互的界限，把车与人、车与车、车与路、车与云端之间相互连接，实现数据互通，支持自动驾驶、远程驾驶、自动编队行驶等应用。

在车联网的应用中，网络延迟是关于生命安全的重要指标。例如，自动驾驶的车辆在高速公路上以 120km/h 的速度行驶，如遇到前方突发情况，1s 的网络延迟就会让车辆多行驶约 33m，这会严重威胁司机和乘客的生命安全。因此，只有当网络延迟控制在 10ms 之内时，才能保障车联网应用的安全。

自动驾驶车辆在行驶过程中会实时产生大量数据。英特尔统计，一辆自动驾驶汽车在路上每行驶 1.5h 产生的数据量就高达 4TB，平均每秒产生 776.7MB 数据。因此，无论是自动驾驶的数据传输还是数据处理，都对现有的网络架构带来了巨大的挑战。4G 网络的 100Mbps 传输速度显然无法满足自动驾驶对网络传输的需求。在 4G 网络中，如果要将海量数据充分挖掘利用，只依靠云数据中心就很容易造成网络拥堵。通过与 5G 和边缘计算相结合，车联网在云计算中心的协同下，可以将大部分数据的计算与存储下沉至靠近数据源的网络边缘，使得大部分的数据无须经过云端便可直接向应用进行反馈，从而降低网络延迟和负荷，提升数据的安全性和隐私性，加快车联网的发展进程。预计到 2035 年，通过 5G 连接的汽车将达到 8300 万辆。

3.1.3 工业互联网

1769 年，蒸汽机的改良象征着第一次工业革命的开始。工业从手工向机器转变，人类进入工业机械化时代。1913 年，世界上第一条流水线——福特公司 T 型流水线问世，将分散的生产流程集中到一起组装，这在加快生产速度的同时提高了生产的标准化，开创了现代制造技术的先河。1969 年，通用公司成功将世界上第一台可编程控制器应用到生产中，实现了生产的自动化控制，标志着工业开始进入自动化时代。可见，每次技术驱动的变革都给生产力带来了质的飞跃。

在数字化的 21 世纪，人类对工业开始有智能化的需求。在大部分人的观念中，工业智能化是全自动机器人和全自动生产线替代现有的机器。事实上，利用现有生产过程中的数据才是工业智能化的关键。通过 21 世纪的新技术将上一代工业的数据进行有效整合和利用，同样能实现工业的智能化。但目前来说，对于生产数据的利用存在以下几个难点。

（1）工厂中设备通信协议种类繁多，如 NB-IoT、Zigbee、LoRa、蓝牙、Wi-Fi 等。由于不同通信协议之间的接口复杂，数据无法得到有效汇聚和互通。

（2）生产流程中的传感设备数量不足，部分生产环节数据缺失，导致分析依据不足。

（3）随着传感设备的增多，采集的数据呈爆发式增长，这对网络提出了更高的要求。网络瓶颈容易造成应用的卡顿和宕机，影响生产效率。

（4）高昂的服务器部署成本和繁重的运维工作给工厂带来额外的费用支出。

通过 5G 多协议转换网关结合边缘计算的部署方式，可将异构数据汇聚并通过 5G 传输至边缘服务器对数据进行分析和处理，协同中心云进行算力和算法的调度与分发，实现生产效率的提高和生产成本的降低。

3.1.4　智慧城市

目前，中国约有 8 亿人在城市生活，中国的城市化进程日新月异，从 1978 年城镇化率的 17.92%飞速增长至 2018 年的 59.28%，预计到 2030 年将达到 70%，并且增速超过了全球大部分国家。但随着城镇化发展速度的加快，社会对城市基础设施的要求也越来越高，中国城镇化进程中遗留下来的许多问题都亟须解决。一方面，城市承载能力无法跟上人口增长速度，使得城市环境、交通、治安、生态、能源压力日益增大；另一方面，民众需求日益增加而政府的管理手段有限，导致城市管理无法高效协同、效率低下。

5G、物联网、云计算、边缘计算、大数据等技术的发展，为解决城市问题和推动城市发展带来了新机遇。新技术的出现驱动政府和社会对城市智慧化、数字化的重视和探索。中国已把智慧城市作为未来城市的发展方向，并把它提到国家战略高度，由此出台了一系列鼓励政策和指导文件。

目前，在智慧城市的建设过程中，一方面缺乏统一建设标准，不同区域、不同人群对智慧城市的认知和接受程度存在偏差，且不同区域、部门之间的信息与资源获取不平衡，导致不同省市、区县所用的设备与系统各不相同。智慧城市系统缺乏信息交流和共享的渠道，以及有效的信息系统，这阻碍了信息数据的整合与利用，并且加速了数据的碎片化，导致了"信息孤岛"和"数字鸿沟"的产生。另一方面，由于设备量和数据量的激增，数据的采集、传输、处理、存储、反馈对现有网络架构提出了严格要求。例如，目前交通监控摄像头对带宽的要求是 50Mbps，但随着摄像技术的发展，未来 8K 60fps 视频对带宽的要求将达到 120Mbps。因此，海量碎片信息数据的整合和利用成为智慧城市建设中的重要问题。

人们利用 5G 技术整合、汇聚异构数据和系统，结合边缘计算、FDN 技术分析处理存储数据，同时通过云边协同利用数据分析结果，就能让智慧城市建设取得长足发展。

3.1.5　智能家居

据《人民邮电报》2018 年 12 月 6 日消息，国内三大运营商已经获得全国范围 5G 中低频段试验使用频率许可，这意味着智能家居将迈向新的台阶。5G 网络更大的带宽、更快的速度、更低的延迟，将可以更好地支撑智能家居的应用。

目前，在智能家居中，大部分设备是以个体的形式存在，与手机进行一对一沟通，且不同品牌、不同类型的设备之间无法互通，仅依靠人通过各种 App 来手动控制，没有形成真正意义上的智能家居系统。并且，目前大部分智能家居设备是通过蓝牙、4G、Wi-Fi 等方式连接的，使得用户在对智能家居设备进行控制时网络延迟较高，设备需要一定的时间来交换处理信息，导致产品反应速度较慢，从而影响工作效率和用户体验。

我们如果将智能家居与 5G 结合，可显著提升智能家居设备的传输速度和稳定性。并且，通过边缘计算技术，我们可以赋予网关数据计算和分析能力，由此可将数据汇聚、清洗、筛选、处理等工作放到网络边缘完成，并可以直接让设备做出响应。其中，高价值数据可以通过云边协同进行处理，由此缓解网络压力、降低网络延迟，进而提升智能家居系统的工作效率和人机交互体验。

如今，5G 与智能家居结合已成为行业发展的必然趋势，5G、边缘计算等新技术将进一步促进智能家居行业的发展。预计到 2024 年，中国智能家居市场规模将超过 5300 亿元。

3.1.6 智慧医疗

智慧医疗的概念是 2008 年 IBM 提出的。IBM 主张将传感器充分应用到医疗设备中，赋予设备连接的功能，通过中心云将设备整合起来，实现社会与物理世界的融合。如今，智慧医疗已逐渐成为全球医疗卫生领域的发展方向。但是，到目前为止，智慧医疗依然没有清晰的定义，主要有以下三种主流说法。

（1）智慧医疗是一个以医疗物联网为核心，信息高度移动和共享的医疗信息化生态系统。

（2）智慧医疗通过建立协同工作的合作伙伴关系，提供更好的医疗保健服务，并有效地预测与预防疾病。

（3）通过信息化建立健康面对面计划和以个人电子健康档案为核心的数据中心，并按照统一标准实现区域卫生信息互联互通和共享。

总体而言，智慧医疗是以物联网为核心，具备互联互通、高度融合、高效协同的医疗信息化生态系统。目前，智慧医疗在中国落地还存在以下难点。

（1）医疗系统中公共卫生、医疗、医保、医药四大体系相互独立并各自为政，"数据孤岛"的产生导致各体系之间无法相互融合和协同。

（2）医疗系统中存在大量非结构化数据并缺乏处理，且无法发挥人工智能的优势将这些数据进行临床应用。

（3）不同地域医疗资源分配不均衡。我国近 80% 的医疗资源集中在城镇，农村、偏远地区的医疗资源短缺。

5G 和边缘计算相结合所具有的大带宽、高速度、广连接、低时延的特性，让医疗数据采集、汇集、处理、辅助诊疗决策成为可能，因此可构建覆盖医疗机构内部全流程的信息化管理体系，并可连接医疗机构与患者之间、医疗机构之间的远程医疗与分级诊疗体系，以及医疗影像 AI 辅助诊断、医疗机器人与 AI 辅助临床医疗等决策体系。

在 5G 的三大典型场景应用中，增强型移动宽带场景应用主要有 5G 救护车、可穿戴设备实时监测。5G 所提供的广域、稳定、高速的信息传输，可将患者生命体征数据实时回传至指挥中心，让指挥中心能实时监测患者的身体情况。高可靠、低时延场景应用主要有无线监护、远程会诊、远程手术、辅助诊断、医疗机器人。5G 和智慧医疗技术能实现对患者身体状况的实时反馈，消除患者与医生之间的物理距离，实现远程诊疗。海量大连接场景应用主要可完成医疗设备大规模联网，实现设备和数据的统一管理。

5G 时代的智慧医疗旨在将有限的医疗资源，通过结合信息化技术实现远程、创新、智能医疗服务，以此促进医疗资源下沉，提高医疗诊断效率和水平，推进"健康中国"战略的实施。

3.1.7 视频云

1956 年，世界上第一款可视电话在 AT&T 的实验室问世。当时，一个画面需要 2s 才能完成传输。4G 网络的 100Mbps 传输速度实现了高清视频的稳定传输。视频作为一种更有效的信息传播方式，开始进入各个行业，"视频+"也由此成为趋势。根据美国 Sandvine 统计，2019 年全球互联网流量中，视频流量占比 61%，而我国视频流量占比更是高达 80%。根据易观方舟统计，2019 年我国视频云市场规模达到 134 亿元。

随着 5G 正式商用，网络传输速度超过 1Gbps。同时，各行业对视频提出了更高的要求。除了游戏、直播、在线教育等行业对视频业务存在较大需求，河道卫士、明厨亮灶等新的行业也增添了视频数据分析需求。同时，提供底层技术的视频云服务商将面临新的挑战。

5G 高速传输的特性，使 4K/8K 视频的在线传输和播放成为可能。此外，AI 赋能图像识别技术，将视频内容转化为结构化、标签化数据进行分析，提高了视频数据的利用价值。同时，边缘计算通过把编解码、数据处理等工作靠近终端和用户进行处理，减轻了带宽和存储的压力，减少了高清视频和数据分析的延迟和卡顿，为视频数据的应用带来新的发展机遇。我们相信，在新技术的推动下，视频云将会获得更大的发展空间。

3.1.8 智慧工地

建筑行业是我国经济支柱行业之一。近年来，随着经济的发展、政府政策的支持，建筑行业智慧化升级速度加快，并在飞速占领更大的市场空间。但智慧工地的发展依然受到了诸多因素的限制，智能化进展缓慢，发展情况不尽如人意。现场环境复杂、施工环节众多、工人文化程度差异大、监管多依靠人工等因素所造成的施工管理效率低下、施工质量无法保证、安全生产隐患较多等问题依然困扰着整个行业。

目前，智慧工地发展中遇到的难题如下。

（1）建筑施工过程交叉作业面广，需要布置大量传感器来检测人员、机械、材料、法规、环境等多方面的数据，这对网络传输速度和带宽要求较高。此外，部分工地由于面积大且信号不稳定，导致数据传输的稳定性无法保证。

（2）智慧工地项目中存在海量异构的传感设备，且通信协议种类繁多、接口复杂，如存在 NB-IoT、Zigbee、LoRa 等无线技术。因此，数据无法得到有效汇聚和利用。

（3）处理海量非结构化数据需要庞大的计算能力，而云计算带宽成本高、网络延迟高。同时，工地现场还存在环境较差、服务器搭建困难等问题。

5G+边缘计算可助力建筑工地的智慧化和信息化转型升级。人们通过 5G 多协议网关汇聚数据，并利用 5G 无障碍、无差错传输数据，同时依靠 FDN 技术实时将计算任务自动调度至最优边缘节点，并将相关计算功能从云计算中心分发至该节点，可以快速返回数据处理结果。此外，通过云边缘设备联动，人们可以快速做出决策、进行反馈，由此可以打造智慧工地边缘云智慧大脑，以此革新建筑行业的建造生产方式，并释放更多的生产力，促使建筑行业向集成统一管理、高效协同工作的智慧化方向发展。

3.1.9　小结

5G 作为新时代跨越性的通信技术，为我们带来了超越光纤的传输速度、超越工业总线的实时能力和全空间的广泛连接，它具有更快的速度、更低的延迟、更可靠的性能保护和更多的终端接入数量。在未来，5G 不仅可为消费者提供新一代的移动通信体验，还将渗透到更多的行业应用场景中，实现对整个产品生命周期的全链接，使行业的整体模式产生重要变革。

为实现超大容量、超低延迟、海量连接的三大应用场景目标，同时满足垂直行业端到端应用对带宽、延迟、安全等的需求，5G 构建了网络切片、网络能力开放、边缘计算等关键能力。其中，边缘计算作为 5G 网络的重要组成部分，是 5G 网络实现各行业智能化改造的强大动力和催化剂。边缘计算就近处理的计算方式，可以有效增强边缘应用与网络的融合能力，大幅降低业务延迟，提高资源分发效率，并缓解传输网络的带宽压力和降低传输成本。

5G 和边缘计算的不断发展，将为 VR/AR、车联网、工业互联网、智慧城市、智能家居、智慧医疗、视频云、智慧工地等应用场景带来更大的效能，并为社会创造更大的价值。

3.2 典型代表企业与产业生态

本节将分析云、边、端三种计算的区别和联系,并介绍采用这三种计算方式的代表性厂商,梳理我国云、边、端计算中的代表企业,为大家带来云、边、端计算产业的相关知识。

3.2.1 云、边、端三种计算的区别

云计算是分布式计算的一种,它通过互联网帮助人们随时随地、按需、便捷地使用共享计算设施、存储设备、应用程序等资源。边缘计算是指在靠近物或数据源头的一侧,通过集网络、计算、存储、应用核心能力于一体的开放平台,就近提供最近端服务。边缘计算与传统的中心化架构不同,它的计算节点及分布式部署主要靠近终端的数据中心,使得服务的响应性能、可靠性都高于传统中心化的云计算,是对云计算的协同与补充。端计算是指通过终端设备自带的软硬件系统,在设备端实现数据的处理与分析,赋予终端设备计算能力。端计算与云计算、边缘计算相比更贴近数据源,但端计算的计算能力取决于设备初始设置,其功能扩展性相对较弱。

图 3.3 所示为云计算、边缘计算和端计算的代表性企业。

图 3.3 云计算、边缘计算和端计算的代表性企业

3.2.2　端计算

海康威视。海康威视作为安防行业的龙头企业，已积极布局边缘计算。海康威视将 AI 算力注入边缘，以此提升 AI 服务的响应速度，从而降低网络运营成本。它提出了基于 "云+边缘" 的整体解决方案，完成了边缘节点、边缘域、云数据中心的核心产品布局，并将 AI 注入前端产品，同时结合不断丰富的智能芯片来支持产品的快速迭代。它在边缘节点实现了目标检测、特征提取等智能感知理解功能。此外，海康威视还发布了以海康深眸、海康神捕、海康超脑、明眸为代表的一系列 AI 智能边缘设备。这些设备搭载高性能 GPU 计算芯片和深度学习智能算法，能够在边缘侧实现对原始视频、图片中的人体、人脸、车辆等属性信息的高效提取和建模，并可将数据回传至云端进行分析。

大华。大华于 2018 年发布边缘计算节点联网方案，以此深度布局 AI 边缘产品，并推出睿智系列的 AI 边缘产品。这些产品在前端采用 GPU、FPGA、Movidius 等高性能芯片，同时搭载深度学习算法，能够直接在前端提取视频中的人脸、车辆、人体等特征信息，并将信息回传至云端进行分析管理。这既可以满足业务对实时性的需求，也可以保证数据的安全性。

宇视科技。宇视科技是全球公共安全和智能交通的解决方案提供商。它提供前端 IPC 摄像机、编解码器、网络存储、网络视频录像机（NVR）、管理平台、客户端等全系列 IP 监控产品。在安防与智能交通领域，宇视科技深度融合 AI、大数据、物联网技术，致力于赋予设备更多计算能力。在边缘计算领域，宇视科技联手阿里云共同推进智能交通和边缘计算领域的发展。在产品技术层面，双方在边缘计算单元、定制摄像机等多个层面，联合打造标杆产品。在解决方案层面，双方整合各自的技术优势，共同制定国内领先的解决方案，如交通大脑、IoT、数据智能等。

宇视科技为降低单路 AI 商用成本，推出了 "昆仑" 服务器。这款产品基于多模型、多智能、ALL-IN-ONE 的设计理念，将人脸识别服务器、行为分析服务器、视频结构化服务器、大数据服务器、平台服务器等以板卡形式集成于一台服务器中，极大降低硬件投入成本和空间资源。同时，它集成了三种分布式集群调度系统（芯片间集群调度、板卡间集群调度、服务器间集群调度），可将 AI 处理需求精准地分配至每个芯片中的特定资源，从而大大降低了单路视频的应用成本。

地平线。地平线一直致力于提升整合算法能力，打造嵌入式人工智能处理器及软硬件一体平台。它依托"芯片+算法+云"战略，打造了多种人工智能软硬件结合的产品。在边缘计算领域，地平线着重关注智慧城市与汽车的智能化，聚焦 AI 芯片领域，开发出 Matrix 与 XForce 两种软硬件结合的 AI 计算平台，并衍生出多种基于这两种平台的应用级解决方案。其中，依托 Matrix 强大的边缘计算能力，地平线开发出具有极大成本优势的 NavNet 众包高精地图采集与定位方案及激光雷达感知方案。

新华三。新华三针对边缘计算推出了 HPE EL1000 和 EL4000 两种 MEC 服务器，在实现体积微型化的同时，还可以让数据在边缘和生产端被有效汇聚和处理，以此降低整体网络压力并提高 IT 效率。目前，新华三在边缘计算领域不断加强与生态伙伴的合作，已与众多运营商开展合作。新华三一方面提供电信云和 vMEP 网元，另一方面与运营商一起拓展医疗、教育、安防等边缘计算应用场景。

浪潮集团。针对边缘计算中的 AI 场景，浪潮集团发布了边缘计算 AI 服务器 NE5250M5。该产品既可以用于图像视频等边缘 AI 应用场景，也可以用于物联网等 5G 边缘应用场景，并针对边缘侧机房部署环境进行了大量的优化设计。面对物联网等边缘移动场景，浪潮集团提出了移动边缘云的概念，并发布了移动边缘云产品。该产品通过在靠近用户端提供计算能力，降低反应的延迟。它利用虚拟化技术，将计算、存储、网络、安全、裸设备深度融合到一台服务器中，以此形成标准化的服务器单元。其中，多个服务器单元通过网络汇聚的方式形成移动数据中心 IT 基础架构，并通过统一的 Web 管理平台实现可视化集中运维管理，并实现资源的自助式申请和使用，以此帮助用户构建极简、随需而变的移动数据中心 IT 架构。

特斯联。特斯联发布自主研发的边缘侧新产品——AI 边缘融合服务器致慧 X9 系列。致慧 X9 是一款兼具 AI 计算能力与存储能力的边缘融合服务器，主要用于需要对人脸识别二次交叉比对同时需要本地数据存储的场景，这是特斯联在"云-雾-端"分层业务构架中的"雾（边缘）侧"的又一重量级产品。致慧 X9 将与 AI 算力增强模组致慧 X1、AI 边缘计算网关致慧 X3、边缘存储服务器致慧 S9 等产品形成合力，使边缘侧发挥更大的数据处理价值。特斯联的边缘计算产品具有多融合组网、边缘存储一体化、弹性算力自由配置和边缘节点处理四大优势。

联想集团。联想集团围绕"联想商用 IoT 边缘计算解决方案生态全景图"战略，依托 x86、ARM 等开放硬件架构及软件工具、平台，通过自身在商业计算领域的技术、产品实力，同时整合其他业务部门的优势资源，针对不同行业关键业务场景的数字化创新需求，推出专为边缘计算和 AI 量身定制的 ThinkSystem 边缘服务器。其相关产品凭借在外形、性能、连接、安全、管理等方面的优势，帮助用户高效应对智能化转型过程中不断出现的复杂挑战。在应用层面，联想集团的 ThinkSystem SE350 产品适用于包括 VR/AR、智慧社区、智慧交通、智慧城市、智能制造等在内的多种应用场景。

3.2.3 私有云

青云。青云基于全栈、全态和全域三个维度进行全方位布局，打造核心技术自主可控、中立可靠的全维云平台。首先，在服务层次上，青云具有纵向跨越 IaaS、PaaS 和应用平台的全栈云架构，并具有覆盖众多品牌的 ICT 服务能力。其次，在服务交付形态上，青云能够以统一架构实现公有云、私有云、托管云和混合云的一致化交付与管理，并可通过扩展 IoT 与边缘计算平台，在服务场景纵深上集结"云网边端"一体化的能力，以此实现全域业务支撑与数据互联。最后，在边缘计算方面，青云采用解耦的方式研发云平台，并发布了 EdgeWize 边缘计算产品。该产品是可以进行简单计算的边缘计算节点，并可与任何品牌的云计算平台连接。与 EdgeWize 边缘计算产品相配套，青云同时推出了 QingCloud IoT 解决方案，这使用户在采购 EdgeWize 边缘计算产品时，可以使用其他云平台或使用 QingCloud IoT 解决方案。其中，QingCloud IoT 解决方案使用青云的云计算资源。EdgeWize 收集的数据可以上传至 IoT 平台，形成"云网边端"一体化的布局。

江行智能。江行智能关注边缘计算在泛在电力物联网的应用，并提出了 EdgeBox 等一系列边缘计算解决方案，其中包括边缘计算引擎、算法、终端设备。相关方案被应用于不同的工业场景，以此帮助用户提高运作效率。目前，江行智能主要专注于三大应用场景：基于边缘计算的电力智能维护、智慧仓储和智慧充电站。目前，其产品主要是 EdgeBox 边缘计算引擎和 JX-TD1A 泛在智慧眼。其中，EdgeBox 采用容器技术，通过将内置边缘智能芯片嵌入小型边缘设备，为工业物联网带来突破性的便捷应用。EdgeBox 支持多平台操作系统和芯片，无须适配即可连接海量物联网设备，为用户解决适配的烦恼。JX-TD1A 用于输电通道可视化、变电站设备巡检可视化、基建现场安监可视化、仓储物资供应链可视化等多种场景的泛工业安监类产品。

星耀科技。星耀科技核心团队在 2015 年启动 MEC 场景研究和技术开发，并在 2016 年成功申请"一种对移动终端的业务分流方法及设置"等 6 项 MEC 相关知识产权。2017 年，星耀科技启动 MEC 商业化应用，并在 2018 年成功将相关产品部署在七大应用场景中。星耀科技关注边缘云和边缘计算平台的 PaaS 能力。在安防和无人商超场景下的人脸识别业务中，星耀科技利用边缘节点提供 AI 识别服务，以此在本地对比人脸数据库，并能实时返回计算结果。在此基础上，边缘节点将必要的信息上传至中心数据库做存储和多地信息同步处理。2018 年 1 月 25 日，星耀科技实现了业界首个"MEC 智能安防"商用。2018 年 2 月 15 日，星耀科技推动全国首个 MEC 智能农业项目落地。2018 年 5 月 12 日，星耀科技为第二届全球网络发展峰会提供全程 VR 直播服务。2018 年 5 月 15 日，星耀科技为浙江联通"联通 5G 来了"活动提供全程 VR 直播。

中科边缘智慧。中科边缘智慧是边缘智能信息服务基础平台系列产品的提供者。它通过对边缘计算与智能计算进行融合创新和产业化，为国防军工和民用民生提供系统级自主可控解决方案及高标准服务。中科边缘智慧致力于信息系统平台关键技术及核心装备的开发与研制。它通过在数据服务和人工智能服务等新一代信息技术领域的持续创新，并以自主可控的技术、产品和应用为基础，形成综合边缘计算、智能计算、云雾计算和大数据技术的应用特色。

3.2.4　公有边缘云

轻舟云。轻舟云由深圳清华大学研究院下一代互联网研发中心研发，并采用全球首创的 FDN。FDN 基于现有的大型云厂商资源、自建网络节点及客户的私有边缘节点，构建整个底层的功能分发网络。FDN 是对 CDN 的变革和演进。FDN 不局限于内容的调度，还能实现人工智能、物联网分析等功能的调度，使边缘节点能够快速具备数据处理和计算的能力。由此，数据在被采集后无须上传到云端，而是在边缘进行处理，以此降低延迟，从而提高数据处理和传输的效率。轻舟云通过提供 API "一键式"接入的方式，让用户只需专注于业务本身，无须关注分析功能的开发、服务器资源的配置和运维，这极大地提高了用户的开发效率，并有效降低了运维成本。

百度云。2018 年 5 月，百度云发布了端云一体的边缘计算产品——百度智能边缘（Baidu IntelliEdge，BIE）。它通过智能边缘将 ABC 的功能从云计算中心扩展至边缘计算节点，以此满足用户在不同应用场景下的需求。

2018 年 9 月，百度云发布了 ABC3.0。该产品通过结合人工智能、大数据、云计算、IoT、区块链、边缘计算等技术，构建服务于金融、新零售、新制造等行业的一站式服务体系。该体系拥有智能边缘、云端全功能 AI 芯片、安全存储、一站式解决方案等全面 ABC 功能，并以全形态的方式输出 130 多种 AI 能力、9 种开源的大数据服务能力、10 个计算实例、6 类网络组件、3 级对象存储等强大的基础云服务能力。同时，百度 AI 具有人脸识别、OCR、图像识别、语音技术、自然语言处理技术、深度学习等领先的综合实力，以此服务企业级市场。

腾讯云。腾讯云在边缘计算上采用了 "CDN+云" 的方式，让 CDN 具备智能计算能力。相关产品已在视频直播、游戏、智能鉴黄等大场景落地。在技术和产品方面，腾讯推出的智能边缘计算网络平台 TSEC，凭借丰富的移动组件和物联组件，使 5G 网络能力和物联能力能简洁、高效地服务于业务。腾讯 TSEC 致力于构建针对 5G/IoT 网络与业务协同的网络层 PaaS 服务，并具有移动流量分流、移动网络加速、边缘流量转发、移动网络隧道、物联接入控制等核心功能。TSEC 丰富的移动组件可以连接移动用户、运营商 5G 网络和应用，为高价值用户和业务提供可自定义的、高质量的、差异化的边缘计算网络服务，以此实现应用在云、边、端的友好协同。另外，腾讯 TSEC 所提供的物联边缘组件提供面向现场用户侧和物联边缘计算的云端控制、边缘网关与物联网络连接能力，进一步帮助用户解决物联网数据本地处理、云边协同等问题。

亚马逊。AWS（云计算服务）可以提供多项与物联网相关的软件服务，甚至为边缘设备开发了自己的操作系统。AWS 的边缘计算平台 AWS IoT Greengrass 在 2016 年已经推出。Greengrass 以机器学习推理支持的形式进行了改版，凭借 Greengrass 对机器学习的最新支持，用户将能够构建自己的 DeepLens 设备，并在边缘进行推理。

2018 年 4 月，AWS IoT Greengrass 推出提供机器学习推理的 ML Inference @Edge。用户需要先在 Greengrass Core 设备上安装预编译好的 TensorFlow 或 MXNet 运行库，再把 AWS SageMaker 培训好的模型导出至 Greengrass。此后，AWS 陆续提供了系列边缘硬件，如 Snowball Edge、Deeplens 等产品。

中国电信。中国电信作为中国三大运营商之一，在边缘计算的发展过程中综合考虑云、物联网、移动网络、CDN 等因素，构建了一个高度融合的"云边端"协同体系。目前，中国电信与百度已经在 5G、边缘计算领域开展多项合作，积极探索在 5G 边缘计算平台服务、能力集合及 AI 技术研发等方面的深入合作与创新空间。

在移动边缘计算领域，中国电信深入参与与 MEC 相关的国际和国内标准，并牵头负责 MEC 国家科技重大项目。在 MEC 系统设计中，中国电信在平台上构建了应用容器化部署和能力聚合、统一开放的服务环境，满足边缘应用的灵活部署要求。基于对

MEC 平台的优化设计，中国电信自主研发的 MEC 平台可以有效支持边缘应用对网络信息的订阅和对用户面路由的定制。该平台已在中国电信的 5G 实验室中完成了与 5G 核心网的对接测试和验证，同时明确了其对 5GC NEF、PCF 等北向接口的要求，并以此推进 NEF、PCF 等网元的产品化进程。

戴尔。戴尔作为 Linux Foundation 基金会下边缘计算开源项目 EdgeX 的领导者，率先推出了基于 EdgeX Foundry 的边缘网关。2019 年 4 月，戴尔推出了全新的云基础设施解决方案——戴尔科技云平台。该平台是 VMware 和 Dell EMC 基础架构的强强联合，为 IT 资源管理提供跨公有云、私有云及边缘计算的基础架构和运维平台，从而降低云管理复杂度，且不受地理位置的限制。同时，戴尔科技云平台还简化了混合云环境的部署和管理。戴尔的网络交换机产品组合 Dell EMC PowerSwitch 支持跨越边缘计算、核心数据中心和云计算等各个节点的海量数据流。

九州云。九州云是中国第一家从事 OpenStack 和相关开源服务的专业公司。九州云为运营商打造符合 ETSI MEC 标准规范、基于开放架构的边缘平台，提供全面解决方案和服务。它的相关产品主要涵盖"边缘应用调度管理平台""边缘基础架构平台"两大领域。九州云边缘开放管理平台解决方案承上启下，向上针对运维管理人员、终端设备、用户管理的接口，接受调度指令；向下通过 MEAO、MEPM 实现对边缘资源的调度，满足边缘应用部署和服务全生命周期管理的需求。目前，九州云对于边缘计算的商业模式探索主要集中在工业领域，它依托开放框架、低时延边缘网络、大数据处理能力为客户提供工业数字孪生（Digital Twins）服务。

3.2.5　CDN 厂商

网宿科技。网宿科技是国内 CDN 巨头公司，有关它的介绍可参考 1.3.4 节的相关内容。

蓝汛。蓝汛作为 CDN 行业的领军企业，在边缘计算迅速发展的今天，开始将 CDN

布局到边缘云平台。蓝汛通过将 CDN 布局到阿里云的边缘云计算平台上，并借助阿里云的边缘云服务探索边缘计算的服务模式。蓝汛通过采用 Docker 的模式完成节点的快速部署。在调度层面，蓝汛结合智能解析、热点、冷点等多种策略，利用大数据多维度的分析能力，智能且快速地完成资源调度，并能提前识别有计算任务的边缘节点，从而在快速完成调度的同时保障数据的安全。

赛特斯。赛特斯作为一家软件定义通信解决方案提供商，通过软件定义网络的方式重建网络架构。它依托 SDN、NFV、通信边缘云、边缘计算、网络人工智能、5G 无线通信技术 6 项核心技术，实现软件定义化、网络云化和网络 AI 化，赋予运营商管理网络和提升业务的能力。赛特斯提出的柔性边缘计算解决方案包括边缘网关 FlexEGW、边缘云 FlexEstack、边缘计算管理及编排平台 FlexECO。相关产品把微服务架构与柔性网络技术相结合，根据不同的业务场景对几十种通用微服务进行编排器重构，以此部署相关策略与业务流程，从而拥有赋能各类行业应用的边缘能力。

目前，赛特斯已全面推出针对 x86 和 ARM 平台的边缘计算网关。它们结合不同硬件平台的特性，通过即插即用的接口扩展模式提供多协议支持。同时，它们将自己在 SDN/NFV 领域的技术成果应用于网关的管理与编排，以此实现灵活自组网、加密数据传输等功能，从而提升工业互联网的性能。此外，赛特斯还发布了边缘数据接入平台 EdgeMatrix 和边缘数据分发平台 EdgeHub。这两个平台分别从边缘数据源接入和中心平台数据分发、交换、交易的角度进行数据管理。

七牛云。七牛云作为以数据智能和视觉智能为核心的云计算服务商，已积极布局边缘计算。通过客户侧边缘节点，七牛云在靠近数据和客户访问侧，为用户提供最大化链路带宽，以及高可靠、高可用的存储服务。同时，边缘节点兼容七牛云公有云已有接口和 SDK，并可与云端无缝对接，让用户实现零成本迁移扩展。

七牛云针对视频安防、智慧商业、新零售等场景，推出了监控视频边缘存储解决方案和视频边缘分析解决方案。其中，监控视频边缘存储解决方案可集成边缘计算服务，并提供智能化边缘节点，帮助用户更顺利地拓展业务和实现业务升级；视频边缘分析解决方案可把只能在云端运行的机器视觉应用部署在靠近数据源或用户访问热点区域，以此提高传统视频分析应用的响应速度，从而实现对视频分析应用领域的业务拓展。

Akamai。Akamai 作为 CDN 业务的老牌厂商，在节点部署方面具有先发优势。目前，除了媒体应用场景和高性能应用场景，它还包含与边缘密切相关的、去中心化的物联网和区块链场景。此外，安全应用场景是 Akamai 近年来营业收入增长的新引擎之一。Akamai 提供的边缘安全解决方案主要有以下五种。第一种是 Prolexic 托管式数据中心 DDoS 流量清洗方案。它主要通过 DDoS 流量清洗对数据中心和 IDC 进行防护。第二种是 Fast DNS。它提供可扩展的 DNS 托管和 DNS 安全防护服务，帮助企业把 DNS 基础设施安全托管在云端。第三种是 Akamai 旗舰级安全产品 Kona Site Defender。它提供保护网站和 API，让应用程序远离 DDoS 和 Web 攻击。第四种是 API 网关。它对 API 接入、认证鉴权、访问速度等进行运维管理。第五种是爬虫管理器（Bot Manager）。它通过机器学习和人工智能技术识别管理爬虫安全威胁，以此防止数据遭受大规模的爬虫窃取。

又拍云。又拍云是国内一家将 CDN 服务与云计算模式相融合，集分发、存储与处理于一体的云服务商。在边缘计算业务领域，又拍云在全球构建了边缘节点，以此打造覆盖全球的边缘计算网络。它通过后台的控制台管理所有的边缘节点，并按照高可用框架设计每个边缘节点，以此打造可弹性扩展的边缘网络。同时，它充分利用容器化技术，并基于 Mesos＋Docker＋Upone＋Slardar 构建了容器云平台，以此支持底层服务、应用层服务。此外，它基于 DevOps 理念与微服务架构解耦边缘计算产品和用户的关系，以此提高服务交付效率、降低服务成本。它还通过图形化的操作界面囊括各种功能，并开放 API 来支持用户编程。

金山云。面对边缘计算浪潮的来袭，金山云积极布局边缘计算，致力于打造"云边端"一体化的解决方案。2018 年 7 月，金山云联合小米推出"1km 边缘计算"解决方案，以"云+亿级终端"的边缘计算模式实现全网速度提升，同时解决网民上网丢包、上网被劫持两大痛点。此外，为缓解云端中央系统的负荷压力，金山云推出了容器云平台——KENC。该平台支持在边缘侧运行事先定义好的容器镜像，并可将云端转码、游戏渲染等任务放到边缘侧完成。该平台适用于云转码及云游戏等场景，在降低延迟的同时，还可以缓解云数据中心的负荷压力。后来，金山云发布了边缘节点计算平台。该平台充分利用金山云在 CDN 等边缘的资源储备和调度管理能力，支持在边缘侧运行自定义的容器镜像，并依托 CDN 网络主推容器云平台。该平台通过边缘节点为用户提供高效稳定、高性价比的计算和网络服务，同时依据就近计算原则，将算力高效地分发到全区域，从而提供高性能、低延迟的边缘计算服务，进而降低用户接入的成本。

白山云。白山云是一家专注于数据服务的云计算服务提供商。在边缘计算领域，白山云针对 5G 和物联网的新需求，利用云计算技术重构的新型边缘计算节点，打造 SDN 网络、弹性计算等能力，并提供边缘存储、边缘计算、边缘安全防护等服务。其中，边缘计算节点由内部网络高速互联，并通过 SDN 技术实现对路由的全局管理和对数据的智能传输，从而充分发挥网络和 IDC 资源的作用。

3.2.6 集成商

达实智能是建筑行业领先的建筑智能化和建筑节能服务商，深耕建筑智能化 20 多年，成为最早与阿里巴巴合作的建筑智能化企业，并由此确定了它在以"云"与"数据"为核心的智慧建筑生态圈中的地位。面对边缘计算发展浪潮，达实智能迅速研发边缘计算产品。该产品兼容 200 多种通信协议，打通了"设备到云"和"设备到设备"的连接通道。此外，达实智能还发布了边缘计算控制器和面向数字孪生建筑的 IBMS 实时数据监控系统。

3.2.7　小结

目前，市场上的边缘计算厂商主要分为端计算、私有云、公有边缘云、CDN 厂商、集成商，而不同类型的厂商的特点各不相同。

端计算主要通过在设备端注入计算能力，使得使用成本低廉且无须研发。但由于数据的处理与计算依托于硬件本身，端计算在对设备的芯片等方面要求较高。同时，由于受制于硬件本身，端计算的算力通常较弱且精准度不够，导致它无法同时处理多种计算任务，并且难以进行功能升级和算力扩容。

私有云是为单一用户单独使用而构建的边缘计算方式。它可对安全性和服务质量提供有效的控制，并可以在此基础设施上部署应用程序。但用户需自行设计数据中心、网络和存储设备，并且需要配备专业的管理团队，导致它的使用成本极高。

公有边缘云主要由专业服务商提供，一般可直接通过 Internet 使用。用户无须架设任何设备或只需配备少量专业人员，便可享受专业的边缘计算服务。通常，大部分公有边缘云会提供 PaaS 服务，即提供基础设施服务和平台软件开发运行环境。用户需要根据自身需求进行资源的配置和应用功能的开发。值得一提的是，由深圳清华大学研究院下一代互联网研发中心首创的 FDN 是介于 PaaS 和 SaaS 服务之间的产品，它可实现人工智能、物联网分析和边缘算力的调度等功能。用户通过 API 即可简单接入，无须开发应用功能和配置运维计算资源。对于一般创业者、中小企业来说，公有边缘云无疑是一种降低成本的好选择。

CDN 的核心价值是将数字内容智能分发到离用户更近的节点，进而提高整体分发效率、降低网络延迟、节省带宽资源。它与生俱来的边缘节点属性，以及低延迟和小带宽的特性，使它在边缘计算市场具有先发优势。但是，CDN 中的边缘概念是借助缓存数据提高节点传输数据的能力，因此 CDN 的侧重点在于传输能力。而边缘计算实际上是利用靠近数据源的边缘地带对数据进行计算和分类，因此相比于 CDN，边缘计算的侧重点在于计算能力。CDN 必须从传统的以缓存业务为中心的 IO 密集型系统演化为边缘计算系统，并且构架内容计算网络，以解决未来网络数据爆发带来的各种问题。

集成商能为用户提供系统的集成产品与服务。大部分集成商不是自己生产硬件、制作软件，而是通过整合资源为用户提供整体性的解决方案。集成商的优势在于行业经验丰富、资源积累丰厚、行业资质完备，而且项目经验丰富。但是，在研发实力方面，集成商相对较弱。因此，它们通常需要与优质的软硬件商合作，以便发挥各自的核心优势，同时寻求共同发展。

第4章

案例介绍

4.1　5G 与边缘计算在运营商行业应用的案例

5G 与边缘计算有几个鲜明的标签，即超大带宽、超低延迟、隐私安全。例如，车联网、VR/AR 游戏、智慧城市等场景的数据传输和数据处理，通常对网络有着极高的要求。因此，在运营商行业，5G 与边缘计算就显得尤为重要。

在车联网领域，网络对延迟的要求是非常苛刻的。这其实不难理解，设想一下，车辆在开启自动驾驶模式时，会对实时的路况视频数据进行传输。当车辆遇到路障时，如果网络还是按照以前的方式一层层地传输数据，那么等数据传回来以后，车辆可能已经撞上了路障。这就需要网络能够提供毫秒级的延迟保证及本地化的计算能力，从而及时地对数据进行处理和分析，以支持车联网的业务。

在 VR/AR 游戏领域，目前联网游戏的延迟会达到 50ms 以上，这会导致卡顿、眩晕、画面传输不及时等问题，使得用户体验不佳。而 5G 边缘计算会极大地改善这种情况，使得数据在本地就能处理、计算，同时降低延迟，从而提升用户体验。

在智慧城市领域，应用到 5G 和边缘计算的场景主要有智慧园区、智慧校园、智慧水务等。这两项技术的结合可以实现用户对园区各项参数大量地采集和分析，同时支持毫秒级的识别及部分智能图像的分析。

接下来，我们详细介绍这些领域的具体案例。

1．5G 与边缘计算在智慧园区的应用案例

我们分享一个中国移动与广东省某市合作开发的智慧园区案例。传统的园区在管理上由于缺乏智慧应用，会存在维护成本高、效率低、信息化设备和资源比较滞后的问题。此外，这些传统园区的安全体系能力相对薄弱，安全系统并不能起到预警作用，使得园区运营难度增大。5G 边缘计算的出现极大地改善了传统园区的上述情况。通过全方位的智能摄像头，管理者能够快速监测识别人脸，由此对人员的出入起到实时管控的作用，并能对人流密度过大、人物危险情况进行实时监控和预警。这些数据都可以直接在边缘侧被处理和分析。园区管理者甚至可以对数据进行全生命周期管理，并通过部署不同的算法进行灵活升级。这样不仅降低了带宽成本、维护成本，还能保证数据处理的实时性。通过智慧园区平台，管理者可以将各个独立的系统打通，以此消除"信息孤岛"，从而实现对园区海量数据进行高效率的信息化管理。当数据涉及企业安全时，管理者还可以直接在边缘侧处理企业的保密信息和个人的隐私问题。

2．5G 与边缘计算在智慧校园的应用案例

我们分享一个中国电信与江苏省某市智慧校园的合作案例。大家对学校一定不陌生，学生、教师、管理者是校园日常活动的主要参与对象。那么，5G 和边缘计算是怎么服务这些对象的呢？对于学生，微表情识别摄像头可以在课堂上实时地感知学生上课时的状态和情绪，超过一定阈值则会发出通知提醒。此外，教室、图书馆、实验室、食堂、多功能厅等学习场所的温度、湿度、灯光亮度的自动感知、自动调节，可以给学生营造舒适的学习环境。现代化的课堂电子设备，学生实时地与教师互动，不仅可以提升

课堂的趣味性，还可以增强学生上课的主动性。定制化的学习系统、智能课表、智能题库、在线作业等多种学习辅助化模块，可以让学生学习更方便、更快捷。对于教师，教学资源管理、学生信息管理、教学质量分析、教学信息管理、家校信息沟通等辅助模块，可以让教务管理更高效。对于管理者，智慧校园可将所有子系统打通，对数据进行分析，为管理者提供决策依据，提高其综合管理能力。大家一定对发生在校园里的安全事件感到触目惊心吧？智慧校园安防能够实时地感知智能人像分析，可以在海量人群中搜查、定位重点人员，提供越界信息警告、行为轨迹分析、危险行为预警报警、全天 24h 无盲点监控拍摄。

3．5G 与边缘计算在智慧水务的应用案例

我们分享一个中国电信与广东省某市智慧水务的合作案例。没有接触过水务行业的人可能对水务有些陌生。简单而言，水务就是城市中对制水、供水、污水的管理、治理工程。智慧水务由不同的子系统构成，比如解决城市污水溢流、暴雨内涝、黑臭水体等雨洪问题的智慧排水系统，关于江河湖泊水体污染防治的系统，关于水资源、水生态、水环境、水安全管理的海绵城市系统，关于防洪、防汛、抢修、排涝的应急系统等。这些系统在感知层就需要收集各河流湖泊大量的数据，比如摄像头、水位仪、水质分析仪所收集的数据。这些数据通过 5G 传输至边缘服务器，同时 AI 算法通过中心控制器下发至边缘服务器进行处理，接着把处理结果实时返回至控制设备，并上传至云端进行可视化与统计分析。水务应用管理系统可运行在云端，并通过边缘智能平台与边缘服务器实现实时交互、应用部署与算法升级，由此可为城市整体和各区域水环境治理和保护提供决策支撑，以及协助相关部门及时提出有效的污染防治对策和环境综合治理方案，这样可极大地方便管理部门对各业务的监督及管理。

4．5G 与边缘计算在云手机/云游戏的应用案例

我们分享一个中国移动与云游戏的合作案例。玩游戏的人可能深有体会，玩游戏时一旦发生操作延迟、画面卡顿、画面压缩等问题，用户体验感就会非常差。许多游戏对网络速度的要求是毫秒级别的，与观看网络视频和直播视频类似，越高清的画面越会占

用更大的带宽。而 5G 和边缘计算能够让云游戏中的操作延迟、画面卡顿等问题得到很好的解决。在技术方面，5G 和边缘计算将游戏处理和渲染迁移至云端，与本地硬件配置解耦，满足用户跨地域、跨设备的流畅游戏体验。在云游戏场景里，用户无须更新为最新的硬件设备，在现有的设备下就能够拥有最佳的游戏画面体验。用户可能还会担心长时间玩游戏是否会出现手机发热、耗电量大的问题，云游戏不仅能降低手机的整体功耗，还能让用户根据自身所处的场景更灵活地切换游戏设备。同时，云游戏不会占用手机太多的内存。此外，云游戏不局限于小游戏的制作，所有的游戏都可以推出它们的云游戏版本，用户随时点击就能进入游戏。运营商把 5G 边缘计算与云游戏相结合，不仅让用户更容易体验到云游戏，还有助于提高用户对云游戏的认知，从而推动云游戏市场的快速发展。

4.2　5G 与边缘计算在工业领域应用的案例

本节将给大家讲述国内工业互联网和边缘计算相结合的代表性企业——某头部央企 Z 集团的案例。接下来，我们会全面介绍其工业互联网平台的构成和应用。

4.2.1　应用背景

目前，Z 集团为多元化企业集团，在世界 500 强企业排名中，排名在前 100 名以内，并且连续多年在央企考核中被评为 A 级，被列为国有重点骨干企业。同时，该企业在国务院国有资产监督管理委员会中央企业网络安全和信息化综合排名中名列前茅。该集团为推动全集团智能化发展，强化集团总部 IT 市场化管理意识和服务意识，根据集团"十三五"信息化战略落地需要，于 2019 年开始按照集团智能与信息化部建制运作。集团智能与信息化部是 Z 集团总部的职能部门之一，在履行集团职能管理的基础上，推动智能化、数字化、信息化建设齐头并进，同时加强网信安全管理，以适应市场及技术发展，满足集团转型升级的要求。Z 集团智能与信息化部下设市场化服务公司。它聚焦于为集团各利润中心管理、业务、技术、IT 运营赋能，同时加强对各单位智能化、数字化的快速发展和转型的支持。市场化服务公司依托 Z 集团多元化产业优势和丰富的业务场景，经过 10 多年的沉淀，研发、提炼、打造出具有行业赋能价值的 IT 产品和众多解决方案，为全社会提供智能技术赋能服务、云计算服务、管理/业务信息化咨询与实施服务、通用运营服务及其他创新孵化产品服务。

接下来，我们围绕 5G 和边缘计算在工业领域中的应用，为大家介绍关于水泥行业生产全流程的精选案例。在案例中，Z 集团下某大型水泥企业将基于工业互联网平台构建智能工厂，并通过规范信息化和工业化的应用，将传统的生产流程、工艺流程与信息化系统相结合。同时，该水泥公司立足于基础业务、着眼于管理提升、放眼于智能生产，形成集全流程监视、全过程控制、全方面分析、全环节跟踪的管理系统，以此构建以新一代水泥行业工业大数据平台为基础的智能工厂。

结合该水泥企业的现状、需求及行业内标杆企业实践，同时为满足未来卓越运营的战略目标，设计工业互联网总体业务架构包括设备层、控制层、执行层、运营层4个方面。基地的智能设备管理系统、生产运营管理系统、安全环保管理系统、智能物流管理系统等系统应用部署在Z集团公有云上，以提供专业系统功能服务。该水泥企业总部通过工业互联网平台CRSEMS实现与各基地的互联网互通，同时依靠总部智能生产管理系统、运营管理系统提供生产决策、供应链决策、统一决策等服务。

该水泥企业主要的生产流程包括矿山开采，原材料运输、堆存、均化，生料制备、煤粉制备、熟料烧成、水泥粉磨、水泥包装、水泥发运出厂等。"5G+工业互联网"的应用可覆盖大部分场景，其中所涉及的主要场景如图4.1所示，包括水泥生产过程中的矿山开采、生料制备、两磨一烧、熟料烧成、水泥粉磨、包装出厂等。

图4.1　水泥生产工艺流程图

4.2.2　工业互联网

Z集团下某大型水泥企业智能工厂的建设，依托Z集团自主研发的工业互联网平台，并借助自主研发的"一脑两翼三金四平台"智造产品体系，导入制造运营管理平台、数据中台、智能物流管理平台、智能设备管理系统、设备在线监测及预测维护系统、安全环保系统、智能决策管理平台等，以此助力构建本质安全、绿色环保、生产高效、卓越运营和可持续发展的智能工厂。

该工业互联网平台是以 Z 集团公有云为支撑，结合流程型行业设备多、能耗高、运维难、安环严等难点，创造性研发的面向流程型工业的底层平台。该平台基于物联网、大数据、云计算、人工智能、网络安全等技术，以智能、高效、无人和安全为理念，帮助企业采集、分析工业大数据，定制智能化工业应用，实现平台共建和资源共享，以此助力流程型工业智能化转型升级。该平台底层是边缘计算层，支持海量设备接入，实现互联互通。在此之上是 IaaS 层，它基于 Z 集团公有云，提供计算、存储等基础设施服务。在 IaaS 层之上是 PaaS 层，这一层主要构建由数据仓库、工业互联网平台中间件和大数据服务的中间件组成的开发环境，形成数据中台和应用中台。在 PaaS 层之上是 SaaS 层，这一层是面向各垂直行业的智能应用服务层，提供各种 SaaS 应用服务，其中典型的应用服务包括智能决策、智能供应链、智能运营、智能数据、智能设备、智能生产、智能物流等。

该水泥企业智慧工厂整体架构分为总部和基地两个层面。总部在宏观层面进行运营管理、智能生产管理、ERP、制度标准管理和信息系统管理，基地在微观层面进行设备预测维护、设备全生命周期管理和生产运营管理。在此之下是工业互联网平台，如图 4.2 所示。该平台提供了所有上层建筑的信息软件基础，支撑上层建筑的构建，并为上层建筑提供所需的数据接口和数据的传输、存储、分析服务。在工业互联网平台的下方是优化控制系统和过程控制系统，这两个系统作为直接与传感器进行数据交换的主要系统，承载了工业互联网平台的数据来源，并执行控制任务。

工业互联网平台作为平台层，能够为 Z 集团多个业务板块提供基础的互联互通数据中台和面向不同业务场景的应用中台，其特点包括 5G 互联、数据互通、5G 融合工业互联网应用场景应用创新。

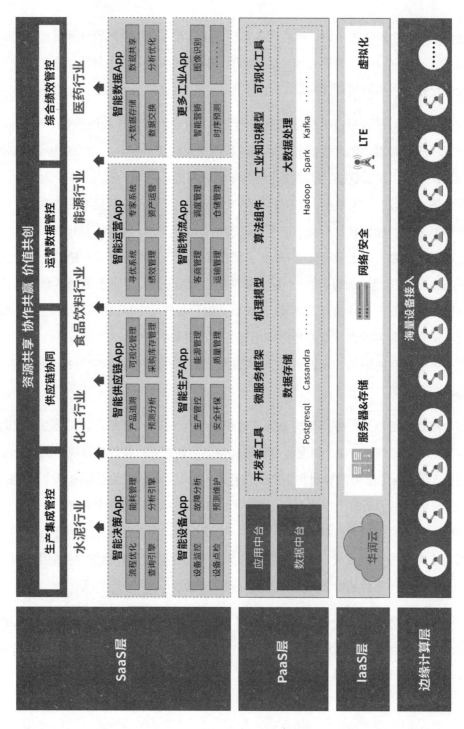

图 4.2 某大型水泥企业流程型工业互联网平台架构

1．5G 互联

基于 5G 改造企业内网，实现生产设备、仪表仪器、传感器、控制系统、管理系统、工业应用系统等关键要素的泛在互联互通，实现生产区域网络全覆盖，以及提供基地与控股公司间的网络方案。其中，5G 网络方案将按照工业互联网进行规划。该水泥企业依托 Z 集团公有云统一架构，将 39 家水泥基地链接组成企业内网，并根据工业互联网适用场景与运营商协同，在田阳基地、南宁基地搭建 5G 网络，通过此举该水泥企业实现了符合信息安全要求的信息网络互联。图 4.3 所示为该水泥企业的网络架构图。

结合智能制造与工业互联网需求，面向移动互联在 5G 技术方面的应用场景，华润水泥公司在工业互联网试点基地提供基于 5G 技术的网络方案，图 4.4 所示为华润水泥公司各基地网络架构图。在基于业务需求的场景下，公司在矿山、长皮带廊、熟料生产线、粉磨站、汽运与船运物流等开展 5G 应用。矿山 5G 互联：为矿山特种车辆运行状态监控、矿山车辆无人驾驶、矿山边坡治理等智能矿山场景提供 5G 服务。长皮带廊 5G 互联：5G 网络服务声音、视频、传感器等设备状态数据的采集与传输。熟料生产线 5G 互联：5G 网络服务温度、振动、氧含量等生产工艺传感器数据的采集与传输。粉磨站 5G 互联：5G 网络服务声音、视频、传感器等设备状态数据的采集与传输。汽运与船运物流 5G 互联：5G 网络服务厂商发货信息、车辆实时监控等数据的分发与推送。

2．数据互通

应用 5G 网络，支持企业内部的生产、控制、运维、管理等数据的采集、交互和传输，同时通过云平台实现数据的汇集和处理。本项目基于大数据平台，构建该水泥企业数据中台，利用先进的数据研发与管理技术，对海量数据进行采集、计算、存储、加工处理。同时，本项目通过统一数据标准和口径形成大数据资源，为第三方智能管理系统的数据接入应用提供服务，以此提高业务流程的管理效率，从而提升企业的统计分析水平。此外，本项目通过对应用统一管理，可以避免数据混乱或形成"数据孤岛"。数据中台技术架构如图 4.5 所示。

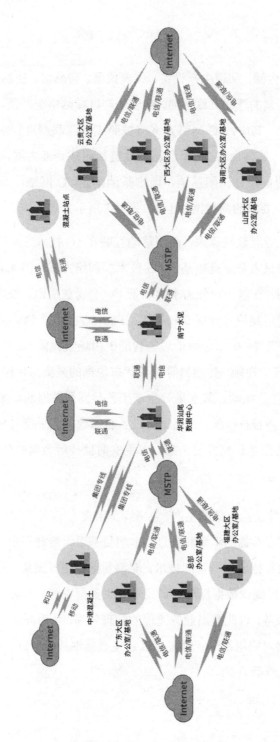

图 4.3 某大型水泥企业网络架构图

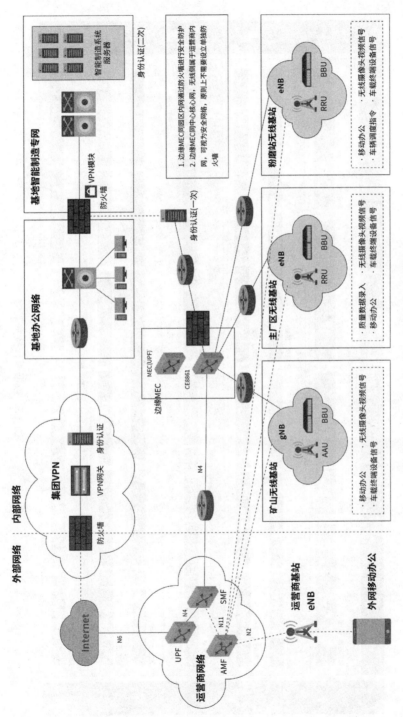

图 4.4 某大型水泥企业各基地网络架构图

131

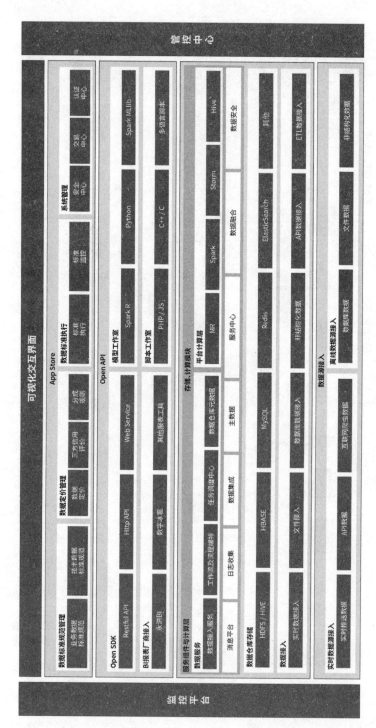

图 4.5　数据中台技术架构

3．5G 融合工业互联网应用场景应用创新

本项目开展基于 5G 的工业典型场景应用，包括工业设计、协同研发、排产调度、质量检测、安防监控、生产控制、产线巡检、仓储物流、设备监控等，实现多个生产环节的优化提升或创新突破。

4.2.3　创新应用

针对某大型水泥企业智能工厂在实际生产中遇到的应用难点，发挥 5G 和边缘计算在大带宽、低延迟、广连接方面的特点，开展创新性的技术应用。其中，主要包括以下 10 个方面。

1．人员实时定位与轨迹跟踪系统

通过 5G 监控与抓拍技术，管理方可以对厂区作业人员实时定位与轨迹跟踪，并对禁入区域和人员聚集风险进行实时监控和预警，以此实现无接触、自动化、灵敏的人员身份识别、人员实时定位、人员当日轨迹、区域汇总管理和报警管理等功能。该系统可以对重大活动区域实施技术管控，以此实现对厂区的实时目标监控、轨迹跟踪和安全预警，并可以对可疑目标采取措施，从而保障厂区安全。

2．无人机巡检

通过 5G 无人机平台，管理方可以实现对厂区范围内规范化、常态化的空中安保巡视和设备点巡检。管理方利用 5G 网络的高速度、高可靠、低延迟特点，有效保障了无人机的精确控制和精准定位，并可实现全景视频实时回传到厂区综合控制中心的功能。通过对视频图像进行基于人工智能的物体识别、模式识别分析，管理方可以判断所巡检的地点和设备是否存在异常并获取智能提示，从而最大限度降低工作人员日常劳动强度和消除安全隐患。

3．基于 5G 的 VR/AR 设备远程诊断

通过浸入式的 VR 技术，人们可以利用专家资源进行远程设备的维修辅助，进而提

高维修效率。此外，该应用创新还能充分利用高级技术人员资源，同时能够降低维修作业对现场技术人员能力的要求，并能提高故障维修响应速度。基于 5G 的 AR 设备远程诊断技术，能够利用 5G 网络大带宽的特点，发挥 AR 的优势。在该技术创新场景中，现场操作人员戴着头戴式 AR 眼镜，这种眼镜通过 Wi-Fi 信号与 5G TUE 相连（为保障传输速度，通常使用支持 802.11ac Wi-Fi 标准的 AR 眼镜、5G CPE），以此进行专家远程诊断。专家可在电脑屏幕上看到现场画面，并即时做出圈点、语音指导等远程操作，而相关信息会实时推送给现场作业人员。专家也可以佩戴 AR 眼镜，依赖 E2E 的系统低延迟保障，达到专家亲临作业现场的效果，并给出语音远端指导。5G 工厂 AR 远程维修网络架构如图 4.6 所示。

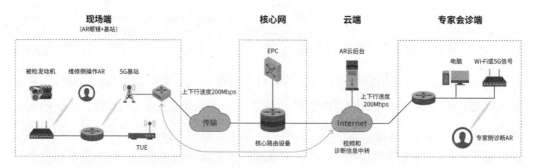

图 4.6　5G 工厂 AR 远程维修网络架构

4．基于 5G 的高清视频+AI 钢结构检测

在传统的钢结构局部脱焊筛查作业中，检查大型钢结构设备会存在许多困难。例如，多级换热器等设备高度可达几十米，工人靠近它会很困难。因此，利用 5G 和边缘计算技术，工人可以通过远程高清视频进行检测。

5．基于 5G 的高清视频+AI 水泥仓外壁裂纹检测

水泥仓需要定期巡检裂纹，而目前的巡检方式为人工肉眼+望远镜检查。由于人眼视力的限制，人工检查通常会存在不全面、不精确、效率低等问题，并且难以排除严重的安全隐患（裂纹将导致水泥仓垮塌）。通过 5G 无人机航拍技术，结合 AI 图像识别，无人机可以对水泥塔表面进行检查，并将画面回传至 AI 图像识别系统，让系统自动精

确识别裂纹并及时报警。

6．基于 5G 的高清视频的传送带跑偏检测

目前在水泥生产线中，传送带偏移是最常见的故障之一。偏移的原因通常有多种，其中最主要的原因是低精度的安装和缺乏有效的日常保养和维护。在使用传送带过程中，如果出现偏移情况，则需要工厂进行检查以确定原因。

传统的检查方法是在没有机器视觉的情况下，通过工人观察设备有无问题，这种方法通常效率低且出错率高。目前，通过 5G 的无线技术，工厂可以把高清视频传送到 MEC+工业大数据平台上的机器视觉应用，自动检测传送带是否发生偏移，如图 4.7 所示。这极大地降低了人工费用，并提高了工厂的智能化水平。在此应用场景中，所使用的 5G 网络功能和主要性能指标包括 eMBB（200Mbps）、静态类型、URLLC（延迟小于 5ms）。同时，在 200m^2 的链接范围内，要求一个基站连接终端数量不能超过 50 个。

图 4.7　基于高清视频的传送带跑偏检测

7．基于 5G 的高清视频+AI 火焰分析应用

随着光学技术、视频采集技术、图像分析技术的日渐成熟，人们对于火焰检测器的研究越来越多。并且，火焰检测器的使用范围也越发广泛。在该创新应用中，主要采用光学设备和 CCD 摄像机，以此分析所采集的火焰图像灰度、火焰燃烧轮廓等参数，并能利用图像处理技术消除信号干扰。工程师经过图像处理，可以对火焰燃烧情况做出判断。该类检测器不仅能够检测炉膛内的燃烧情况，还在森林火灾、室内火灾的预防上具有应

用价值。

在工业领域,该创新应用可以使用高清摄像头对工厂内的燃烧炉的炉膛火焰进行检测,以此分析喷火口是否被全部点燃,如图 4.8 所示。在此应用场景中,所使用的 5G 网络功能和主要性能指标包括 eMBB(240Mbps)、静态类型、URLLC(延迟小于 5ms)。同时,在 200m² 的链接范围内,要求一个基站连接终端数量不能超过 50 个。

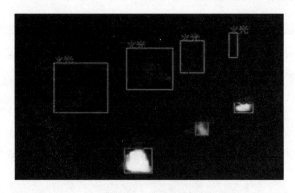

图 4.8　基于 5G 的炉膛火焰检测

8. 基于 5G 的高清视频+AI 下料口断料检测

该创新应用可以识别下料口的皮带是否出现断料情况,并自动生成判定区域和发出报警信号,如图 4.9 所示。一旦出现断料情况,相关系统就可以让皮带自动停止运行,并将信息推送到工厂的微信系统。

图 4.9　下料口断料检测

在此应用场景中，所使用的 5G 网络功能和主要性能指标包括 eMBB（240Mbps）、静态类型、URLLC（延迟小于 5ms）。同时，在 200m² 的链接范围内，要求一个基站连接终端数量不能超过 20 个。

9. 基于 5G 的高清视频的石灰石投料口状态分析

针对这一行业痛点，该创新应用搭建了 5G+MEC+工业大数据平台。其中，5G 空口作为各类数据的通道，利用 5G 网络高可靠、低延迟和大带宽的特性，可以实现厂区内无线化的升级改造。图 4.10 所示为石灰石投料口机器视觉分析。

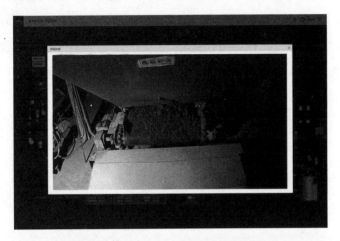

图 4.10 石灰石投料口机器视觉分析

10. 基于 5G 的小型终端设备

通过统一的设备编码、标准规范和台账基础信息，该创新应用能处理线上设备检修、润滑、维修等事务，从而支撑设备的全生命周期管理。此外，该创新应用通过集成设备管理与智能巡检、关键设备在线监测与诊断、长胶带在线监测、智能视频监控、总降无人值守、ERP、DCS 等系统，实现对设备运行状态的实时监测、远程在线诊断。当发出设备异常的自动报警之后，应用会自动触发维修、检修流程。

该创新应用涵盖水泥基地从矿山开采到水泥出厂的所有设备，包括水泥磨、水泥窑、工程机械、检验设备、环保工程等。它通过设备管理系统及其子系统实现设备管理的在线监控、智能诊断、自动预警，同时支持预防性检修、维修，进而杜绝非计划性的停机，提高备件计划的准确性及降低库存。

4.2.4 小结

本节介绍了 5G、边缘计算在工业领域的落地情况。以水泥行业为例，介绍某大型水泥企业通过工业互联网的部署，充分发挥 5G 和边缘计算在大数据量传输和数据分析方面的优势，既保障了安全生产的需求，也增强了人员安全性，同时提高了生产效率和产品品质。可以说，5G 和边缘计算的广泛应用，为智慧工厂的建设插上了腾飞的翅膀，提供了技术领先、功能强大、安全可靠的保障。

4.3　5G 与边缘计算在地方政数局中的应用

4.3.1　综述

城市既是人类文明的摇篮，也是人类文明的延伸。新一代信息技术的蓬勃发展，为新型城市、智慧城市的建设奠定了信息基础设施的重要基础。以 5G、边缘计算、人工智能为代表的新技术，正在塑造全新的城市综合体。

2018 年 12 月，中央经济工作会议把 5G、人工智能、物联网等新一代信息技术纳入新型基础设施建设中，于是"新基建"这个词成了现代化基础设施建设的代名词。经过一年多的摸索，社会上逐渐形成一些热门的"新基建"标的。例如，数字政府、智慧政务等政务系统的建设和升级，就是其中的重点工作。为此，国家出台了一系列鼓励政策，各地政府和机关单位也积极升级政务业务。在这种氛围下，仅在 2018 年，我国的智慧政务市场规模就突破 3000 亿元，并且 2020 年市场规模超 4000 亿元。随着 5G 基站的加速铺设和人工智能技术的发展，智慧政务必将大有作为。

与传统电子政务相比，智慧政务是指利用 5G、云计算、大数据分析、物联网、人工智能、边缘计算等新一代信息技术，变革政务系统的基础设施、基础平台和基础方式，提升政府的透彻感知、快速反应、主动服务、科学决策能力，实现政府管理与公共服务的精细化、智能化、社会化。5G 和边缘计算是发展智慧政务的两大利器，这两项技术和相关方案正在智慧警务、智慧交通、智慧政务中心、智慧城市治理、智慧水务等多个领域被广泛使用。

新型智慧城市的建设已然成为我国推进"以人为本"新型城镇化建设的主要方向。作为我国改革开放的桥头堡——深圳，其新型智慧城市的建设已然走在全国前列。深圳某地区作为深圳建设新型智慧城市的代表，正在进行规模宏大、技术领先、应用广泛、可迭代、可扩展的智慧城市新一代信息基础设施建设。2017 年 2 月，该地区正式启动智慧建设，确立了"五统一"原则（统一网络、统一平台、统一数据、统一运营、统一安全）和"七个一"目标（一网全面感知、一路高速传送、一云触手可及、一数能力共享、一体高效运行、一户普惠民生、一站创新创业），以此开启新型智慧城市建设的探索征程。

随着智慧城市建设工作纵深推进，该地区正在搭建一个开放的、通用的、领先的智能运算能力平台，如图 4.11 所示。该平台统一管理深度学习、视频识别、图片识别、大数据分析、语音语义识别等多种算法，为城管执法队、网格管理中心、区法院、建设工程事务中心等各部门提供菜单式的算法应用。各部门既可根据业务需求调取不同场景的算法结果，也可按各自业务应用系统需要直接调用算法。该平台还支持各部门个性化的算法定制。依托智能运算能力平台，该地区各部门共用算法工具，以此避免各系统的重复采购或开发。

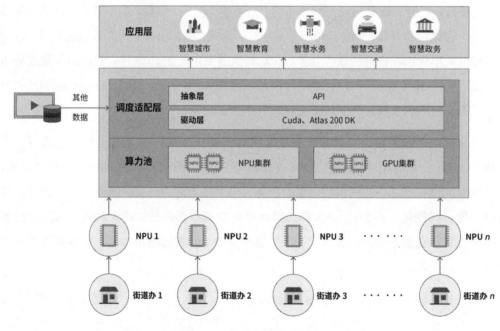

图 4.11 智能运算能力平台

4.3.2　深圳某地区视频监控现状

截至 2020 年，该地区接入视频综合应用管理平台的视频有 12768 路。另外，该地区面向城中村视频门禁系统，规划建设 11086 路视频。各种视频系统建成后，该地区视频资源将达 23854 路，这为大规模的 AI 智能应用提供了较丰富的视频资源。目前，应用在公安、交警等领域的视频智能技术比较成熟，但在城中村管理和城市治理方面的应用较少，如图 4.12 所示。因为缺乏视频大融合和 AI 赋能，同时缺乏 AI 技术业务流程的融合，只能简单地对视频进行调阅，这就造成应用深度融合视频的能力不足。

图 4.12　视频智能技术应用

由人为或自然因素导致的城市市容环境和秩序所受到的影响或破坏，需要城市管理部门处理，并使之恢复正常，此类事件称为城市事件。该地区总面积为 175.6km^2，拥有近 300 万人口，管理片区面积大，而巡查管理人员少，依靠传统人力巡查城市事件的工作方式强度高、难度大，而且效果不理想。城市事件管理工作存在发现难、取证难、评估难等多个难题。

（1）城市事件发现难。巡查管理人员数量有限，同时管理片区大，这使得巡查难度大。例如，一旦发生井盖丢失、电动车违规充电、群租房等情况，单纯依靠人力巡查很难做到及时发现。如果单凭群众举报的方式发现问题，也容易存在漏报、误报的情况。

（2）城市事件取证难。关于无照经营游商、店外经营等违规行为，传统的处理方式往往类似"游击战"，巡查管理人员到场后通常无证可查，这就造成取证难的情况，使得巡查管理人员难以做到精准执法。

（3）城市事件评估难。各类城市事件解决后，对于是否取得较好的处理效果，巡查管理人员通常缺乏评估方法和评估依据。

人工治理方式所存在的发现难、取证难和评估难的问题，可利用现有的各类视频资源，结合 AI 视频识别技术解决。基于此，人们可以对重点关注场所进行实时监测，实现对各类城市事件的全天候自动识别。一旦系统检测到城市事件发生后，可以自动生成报警信息，并对该事件进行录像、拍照和信息记录，同时开放数据接口。相关管理部门可根据业务需要连接数据接口，实时接收城市事件的数据信息。此外，智慧系统支持城市事件处理后再次进行检测，为评估城市事件处理效果提供依据。今后的城市综合治理需要依靠视频智能应用，城市事件管理逐渐从人工转向智能化发展方向。通过视频智能识别技术，可以自动识别城市事件，同时通过视频完成取证。此外，在城市事件处理完成后，还可以通过视频进行效果评估，形成真正的管理闭环。

目前，为满足视频融合的需求，主要有由相关部门或街道各自建设视频和由区里统一建设视频两种方式，这两种方式的具体对比如图 4.13 所示。

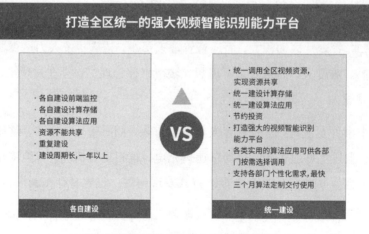

图 4.13　视频各自建设与统一建设对比

通过图 4.13 可知，传统的各自建设模式需要各部门自行投入资源建设前端监控、计算存储、算法应用，这会存在重复建设的情况。而通过统一建设的模式，各部门之间可以实现前端监控资源共享、基础设施资源统一管理调度。同时，统一的系统可以为各部门提供菜单式的算法应用，主动提供各种实用的算法，供各部门选择调用，还支持各部门个性化的算法定制。

该地区有丰富的视频资源，而各部门有视频深度融合的业务需求。因此，构建 AI 城市大脑的时机已经成熟。该系统的目标如下。

1．打造城市治理大脑

搭建基础视频分析能力平台，通过 AI+社区管理、AI+城市综合治理等技术手段，为各部门在掌握城市的运作情况、掌握发展的局势、制定发展政策等方面提供支撑，实现智慧城市的精细化管理。

2．加强社区精细化管理

依托城中村视频门禁系统，通过人工智能技术解决社区管理"最后 100m 问题"，运用人工智能技术实现城中村安全管理、消防管理，包括电动车违规入户充电管理、群租房管理。

3．提升城市综合治理水平

该系统将提供特色业务，利用人工智能技术创新城市综合治理的重点、难点业务的实现方式，包括垃圾溢出检测、自行车乱摆放、道板停车、积水检测、黄土裸露检测、井盖缺失检测、游商经营检测、道路破损检测等。

4．构建视频分析系统

该系统包括 21 种算法：垃圾溢出检测算法、道路垃圾遗撒检测算法、垃圾堆积检测算法、渣土暴露检测算法、井盖检测算法、占道经营检测算法、游商检测算法、积水检测算法、道板停车检测算法、车牌识别算法、路面破损检测算法、路边晾晒检测算法、非机动车乱停放算法、门禁视频人脸分析算法、其他类型监控人脸分析算法、电动车检测算法、人脸比对算法、人员聚类分析算法、语音识别算法、自然语言处理算法、刷卡信息与画面关联算法。

4.3.3 深圳某地区智能运算能力平台系统架构

该系统可以实现对 3600 路视频资源（3200 路一类、二类视频和 400 路门禁视频）的智能分析，包括对城市综合治理如井盖异常、交通护栏异常、水域护栏异常、河湖堤坝异常、暴露垃圾等 20 多种场景，以及社区管理如群租房管理、电动车入户等现象智能识别和预警。

该系统将采用视频分析、运动跟踪、人脸检测和识别技术对视频范围内的人员、事件进行识别分析，并实时报警，将图片、短视频及时间、地点、类型、辖区等事件数据上传至智能运算能力平台，平台受理后根据上传的信息将各类事件进行自动分拨，相关人员接到任务派单后赶往现场进行处理。事件处理后，系统将再次对现场进行检测，识别事件状态，并对处理过程进行记录，统计处理时间，同时反馈处理结果。事件确认处理结束后，整个事件完整信息作为智能研判、区域屏蔽、大数据建模的基础数据在平台上归档。系统事件处理流程如图 4.14 所示。

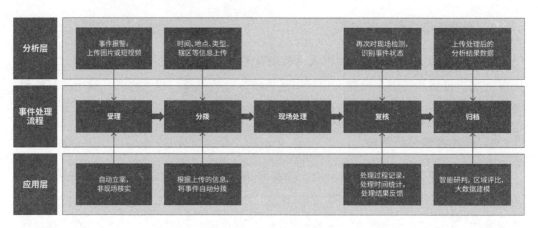

图 4.14 系统事件处理流程

该系统采用云架构，基于云化的 GPU 和 CPU 资源池进行资源管理，在 PaaS 平台服务层建立 AI 训练平台、AI 推理平台、大数据平台、数据库和资源管理等多种服务，融合深度学习、迁移学习、视频识别、图片识别、语音语义识别、大数据分析等多种算法模块。在此基础上，该系统可以实现垃圾溢出、自行车乱摆放、路面破损、路面积水、井盖缺失、游商经营、黄土裸露、道板停车、群租房管理和电动车入户等多种场景的智能识别功能应用。智能运算能力平台系统架构如图 4.15 所示。

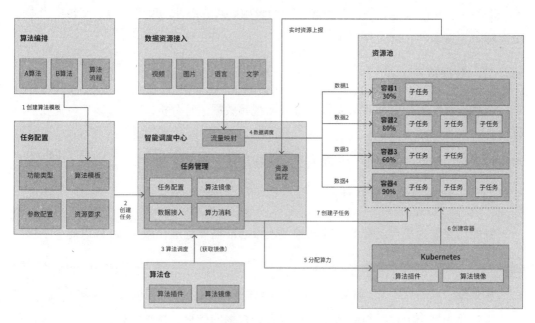

图 4.15　智能运算能力平台系统架构

4.3.4　深圳某地区智能运算能力平台功能

现阶段，城中村安全管理和消防隐患，城市建设中的社会治安、公共设施管理、市容环境、街面秩序、施工管理等城市综合治理工作是智慧城市管理的重点。充分借助互联网、物联网、人工智能技术，依托路网监控、云计算能力，利用视频分析、运动跟踪、人脸检测和识别技术，提高社会治理智能化、科学化、精准化水平迫在眉睫。

城市综合治理涉及部门较多，在应用功能上有不同的需求。此外，对于该地区各职能相关的平台有对接需求。这些需求的共同目的是实现系统集成、数据共享、业务关联，主要包括以下几点。

一、功能类型

基于水务管理中心、执法队、网格管理中心、土地整备中心、建设工程事务中心等机构的需求，功能类型包括公共设施、交通设施、其他部件、市容环境、宣传广告、施工管理、突发事件、街面秩序等。

二、数据接入

智能运算能力平台需要从视频平台获取视频数据进行分析。目前，该平台需要从该地区视频综合应用管理平台获取一类、二类、三类视频资源进行城市事件分析，以及从城中村视频门禁系统数据平台获取人员相关视频进行社区管理分析。

三、大数据分析平台及其他

智能运算能力平台已有的事件抓拍及上报功能需要标准化服务接口，以便今后提供给其他业务系统及第三方应用。

从数据处理的流程看，视频分析技术将监控视频转化为人和机器可理解的信息，并进一步转化为城市治理所需的情报，实现视频数据向信息、情报的转化。

视频智能分析的重点在于对城市部件、人、车辆和物体的特征进行识别，以及在上述基础进行行为判定和场景识别。该地区智能运算能力平台具体要求如下。

（1）支持的城市部件类案件包括公用设施中各类井盖、交通设施中交通护栏、其他部件中水域护栏，以及河坝/堤坝的丢失、破损、位移等异常状态的识别。

（2）支持的城市事件类案件包括暴露垃圾、积存垃圾渣土、道路破损、违规施工、工地不戴安全帽、道路积水、群体性事件、下河游泳、无照经营游商、店外经营、非机动车乱停放、垃圾桶垃圾溢出、道板停车等问题检测。

（3）支持机动车与非机动车的车辆识别，包括自行车、三轮车、环卫车、渣土车等车辆的识别。

（4）支持基于行人特征和行为事件检测，包括人脸对比、人员入户尾随、重点场所人员徘徊、电动车入户等。

该地区智能运算能力平台能够解决的部分问题如下。

1．道路破损

系统实时监测城区路面环境状态，检测到路面出现破损、坑洞的现象会自动报警，最小支持 100 像素×100 像素的路面坑洞监测。市政管理部门借助该系统可把握城区道路路面状态，及时安排修复。道路破损监测图如图 4.16 所示。

图 4.16　道路破损监测图

2．道路积水

系统实时监测路面环境状态并对路面出现积水的现象自动报警，最小支持 500 像素×500 像素的路面积水监测。交通管理部门通过该系统可获取各路段的实时积水情况，并借助广播、电视等媒体为广大群众提供出行指南，避免人员、车辆误入深水路段造成重大损失。道路积水监测图如图 4.17 所示。

图 4.17　道路积水监测图

3. 垃圾桶垃圾溢出

系统对垃圾桶装满或垃圾溢出到地上的现象进行识别，检测对象包括社区内垃圾桶、垃圾集中堆放区、街边垃圾桶等。环卫部门可根据系统的自动预警信息合理调整辖区内环卫工人的清扫工作时间。垃圾溢出识别图如图 4.18 所示。

图 4.18　垃圾溢出识别图

4. 井盖异常

系统可对视频范围内地面的井盖状态进行识别,当检测到井盖发生缺失或缺少部分超过 50%、移位、凹陷或凸起、基础隆起或塌陷、井基破损时,系统会自动报警。井盖类型包括圆形井盖和方形井盖。市政管理部门通过该系统可实时掌握辖区内路面井盖状态,若有异常及时安排人员进行处理,消除安全隐患。井盖异常识别图如图 4.19 所示。

图 4.19　井盖异常识别图

5. 无照经营游商

视频智能识别系统可自动提取监控画面中出现的游商,有效实现对游商的监管。主要识别无营业执照,未经许可在道路或公共场所从事流动性经营活动,常见的是使用推车、三轮车卖水果、卖菜等。

通过在指定的时间范围内(星期、时间段)对街道布控,当非设定时间段出现游商后系统会自动报警,及时联动网格管理员处理。无照经营游商智能识别图如图 4.20所示。

6. 非机动车乱停放

系统主要识别在未经许可、未合法设置停车泊位的地点停放自行车、手推车、木板车、三轮车等非机动车,出现非机动车违停后自动报警,及时联动网格管理员处理。非机动车乱停放识别图如图 4.21 所示。

图 4.20　无照经营游商智能识别图

图 4.21　非机动车乱停放识别图

7. 道板停车

系统识别视频范围内车辆在人行道或绿地上停放的行为，并自动生成预警信息。交警部门根据事件信息可安排就近执勤民警前往处理，维护城区停车秩序。道板停车识别图如图 4.22 所示。

图 4.22 道板停车识别图

8．黄土裸露

系统可对视频范围内施工现场黄土裸露、未按规定遮盖、产生粉尘，造成空气、路面等污染的情况进行智能识别，并自动报警。建设工程事务中心根据系统报警信息，可及时掌握辖区内各施工现场作业情况，整治违规施工行为。黄土裸露识别图如图 4.23 所示。

图 4.23 黄土裸露识别图

9．施工占道

系统可对视频范围内施工现场进行监测，如发现未经审批擅自占道的现象，便会智能识别，并自动报警。交警部门通过该系统实时掌握违法占道施工情况，及时处理，避免发生交通事故。施工占道识别图如图4.24所示。

图 4.24 施工占道识别图

10．工地不戴安全帽

系统会对施工现场工人不戴安全帽的情况进行智能识别，并自动报警。建设工程事务中心根据系统报警信息，可及时掌握辖区内各施工现场作业情况，整治违规施工行为。安全帽识别图如图4.25所示。

图 4.25 安全帽识别图

11. 群体性事件

群体性事件是指在某一时间，在政府大楼、车站、商场、体育场馆、会堂等重要的公共场所聚集人数较多的行为。重点区域和公众场所极易发生各类安全事件，因此实时预警人员异常聚集对于维护社会安全和秩序具有重要意义。通过视频智能识别系统，管理人员可以对视频中的人进行实时、动态的识别与跟踪，并对特定人员进行精准定位及数量统计，以此实现对监控中人群聚集的实时预警。在划定的公共区域，设定的人群密度达到限制后系统会自动预警，及时联动相关人员处理。群体性事件识别图如图 4.26 所示。

图 4.26　群体性事件识别图

12. 店外经营

系统可以识别超出门店范围的占道经营行为，识别对象的主要特征是明显占据、阻挡道路，如常见桌子、椅子、街面上的经营撑伞或店面外的违章撑伞等。

系统会在指定的时间范围内（星期、时间段）对店铺布控。当发生店外经营情况时，系统会自动报警，及时联动城管人员处理。店外经营行为识别图如图 4.27 所示。

图 4.27　店外经营行为识别图

13．交通护栏

系统可对视频范围内交通护栏的状态进行识别，当检测到护栏缺失、破损、倾斜或倒塌时，系统会自动报警，及时联动相关人员处理。

14．水域护栏异常

系统可对视频范围内水域旁边的护栏状态进行识别，当检测到护栏缺失、破损、倾斜或倒塌时，系统会自动报警，及时联动相关人员处理。

15．河湖堤坝异常

系统可对视频范围内河湖堤坝的状态进行识别，当检测到堤坝塌陷、未绿化、硬底化、破损、倒塌、开裂时，系统会自动报警，及时联动相关人员处理。

16．暴露垃圾

公共场所出现垃圾堆放时，系统会自动报警，并录像 10s。垃圾识别主要包括以下两类。

（1）暴露垃圾：主、次干道存在成堆、成片及公共场所未倒入容器的生活垃圾。

（2）道路不洁：每天上午 8:00 以后，公共场所环境脏乱。

17．积存垃圾渣土

系统对道路、广场、工地、待建地、预留地等场所垃圾渣土、建筑废料未及时清理的现象进行自动识别，如遇到不文明情况，系统会自动报警。

18．水域秩序问题

系统可识别在公共水域内毒鱼、电鱼及在非指定水域钓鱼、野炊等污染水质的活动，并自动报警，及时联动相关人员处理。

19．悬挂横幅标语

系统可识别监控画面中出现的擅自在户外设置经营性横幅标语，未按审定位置、规格和时间设置横幅标语，或者横幅标语残旧、破损、脱落等情况，并自动报警，及时联动相关人员处理。

20．下河游泳

系统可通过视频智能识别监控画面中擅自在河道游泳等危险行为，并自动报警，及时联动相关人员处理。

21．群租房管理

通过门禁系统提供的短视频和图片数据，对进门人员进行分析，如某个房间不同租客频繁出入，系统形成报警信息，该房间可能是群租房。或短时间内，多个外卖人员在门禁系统呼叫同一房间门号，该房间可能存在多人隔断租房的情况。系统设置多种判定算法，判定某个房间存在群租房嫌疑时生成报警信息，联动楼房管理者或社区工作人员处理。

22．电动车入户

系统在门禁视频的监控范围内检测到租户推电动车进入楼中，则形成报警信息，提示楼房管理者或社区工作人员，某房间的租户违规推电动车入户，存在严重的火灾隐患。

4.3.5 深圳某地区智能运算能力平台预期效果

1. 统一建设，节约投资

全区统一输出智能识别算法应用，支持开展相关业务。

2. 实现跨越式发展

视频资源从简单的应用升级为智能化的应用。通过这种方式，城市管理者可以让机器参与智慧管理，以此实现城市精细化管理从数字化向智能化的跨越。

3. 视频 AI 应用全国领先

据调研，在全国知名的项目实践中，北京海淀大脑还停留在功能展示阶段，杭州大脑仅限于交通信控功能，而该地区的视频 AI 系统，将有望通过强大的功能形成应用示范。

4. 提升城市综合治理的水平

通过 AI+城市管理、AI+水务等方式，系统可以提升该地区城市综合治理的水平。

4.3.6 小结

5G+边缘计算的网络架构具有高速度、高接入、低功耗、低延迟、易拓展、易维护等技术优势。如果将 5G+边缘计算与"新基建"融合进行应用研究，在场景服务、平台体验、用户数据等方面可以挖掘的价值非常巨大。无论是政府还是云计算厂商、运营商、政务方案商均认识到这一点，并积极探索行业领先的 5G+边缘计算在政务服务领域的解决方案。

未来可期，5G+边缘计算将推动政务"新基建"改革向纵深发展，打造高数字化程度和高社会公众认知度的智慧政务。

反侵权盗版声明

电子工业出版社依法对本作品享有专有出版权。任何未经权利人书面许可，复制、销售或通过信息网络传播本作品的行为；歪曲、篡改、剽窃本作品的行为，均违反《中华人民共和国著作权法》，其行为人应承担相应的民事责任和行政责任，构成犯罪的，将被依法追究刑事责任。

为了维护市场秩序，保护权利人的合法权益，我社将依法查处和打击侵权盗版的单位和个人。欢迎社会各界人士积极举报侵权盗版行为，本社将奖励举报有功人员，并保证举报人的信息不被泄露。

举报电话：（010）88254396；（010）88258888

传　　真：（010）88254397

E - m a i l：dbqq@phei.com.cn

通信地址：北京市万寿路 173 信箱

　　　　　电子工业出版社总编办公室

邮　　编：100036